TEMAS AVANZADOS EN MODELOS DE ECUACIONES ESTRUCTURALES

GERMÀ COENDERS GALLART /
JOAN MANUEL BATISTA-FOGUET / WILLEM E. SARIS

TEMAS AVANZADOS EN MODELOS DE ECUACIONES ESTRUCTURALES

editorial
LA MURALLA, S.A.

Cuadernos de Estadística
Dirección: Juan Etxeberria Murgiondo
Francisco J. Tejedor Tejedor

Constancia, 33. 28002 Madrid

ISBN: 84-7133-752-5
Depósito Legal: M-38.232-2005
Printed in Spain - Impreso por Lavel, S. A., Industria Gráfica (Madrid)

ÍNDICE

PRÓLOGO

En cine se acostumbra a decir que nunca segundas partes fueron buenas. A pesar de ello, tras la buena acogida del libro *Modelos de ecuaciones estructurales*, número 6 de esta misma colección, los editores nos contactaron para ver si queríamos arriesgarnos. La presencia en España de Willem Saris y su predisposición para participar en el proyecto nos acabó de convencer.

El primer libro defendía que la madurez del investigador necesariamente conduce a especificar modelos estructurales, en lugar de aceptar modelos "enlatados" y "tirar de menús con el SPSS" para analizar sus datos que ya ve que no se adecuan a un modelo "pret a porter". Partamos de la premisa, que ahora nos encontramos ya con lectores, lectoras, investigadores e investigadoras, maduros, que desean especificar sus modelos en lugar de encorsetarse en los que el programa incluye, que son conscientes de que cualquier variable se mide con más o menos error, y que desean seguir "creciendo", desarrollando sus competencias en esta metodología. Antes que nada, si tú lector o lectora, no eres de los que desean crecer, ¡no continúes con esta lectura!

Investigar es una actividad que puede ejercerse con mayor o menor habilidad. El mérito artesanal hace fácil reconocer esta habilidad. Distingue a la investigación aplicada de su caricatura, "permitir que el mismo programa estadístico, especifique tu modelo, o el de cualquier otro, analice tus datos, o los de otro, y proporcione números cuya interpretación se basa en recetas mecánicamente aplicadas y descontextualizadas". Leslie Kish, en 1978, escribía: "To err is human, to forgive, divine –but to include errors in your design is statistical". Los lectores del primer libro saben además que introducir los errores de medida en su modelo estadístico es ciertamente profesional, y todo un reto para los investigadores. Todo esto son motivos estadísticos de peso para usar los modelos de ecuaciones estructurales, pero su todavía relativamente bajo uso en nuestro país nos hace pensar también en los aspectos psicológicos de la decisión de usarlos o no.

La psicometría que se centra en el estudio de la actitud y su relación con la conducta, basándose en la *teoría de la acción razonada* (Ajzen y Fishbein, 1980; Fishbein y Ajzen, 1975) y en su posterior desarrollo, la *teoría de la conducta planeada* (TPB, Ajzen, 1985, 1991), establece modelos explicativos o predictivos de la conducta. Así, por ejemplo, planteémosnos la conducta de un investigador, que consistiese en la utilización eficiente de modelos estructurales (exceptuemos que pudiese tratarse de una desviación patológica. El uso de modelos de ecuaciones estructurales, que nosotros sepamos, no ha sido aún catalogado como conducta de riesgo, pero a juzgar por nuestra propia experiencia, sí puede tener algo de adictivo).

Ambas teorías de la conducta entienden que tu decisión de utilizar modelos de ecuaciones estructurales se basa en consideraciones racionales que se derivan de la información de la que dispones. Concretamente, la TPB sostiene que la conducta que te ha llevado a usar modelos estructurales avanzados está directamente determinada tanto por tu *intención* como por la *capacidad percibida* (PBC) para utilizarlos en tu investigación. A su vez, la intención depende directamente de la *actitud*, de la *norma subjetiva*, y asimismo de la PBC. Como lector nuestro, acostumbrado a los "path diagrams", el modelo que explicaría que te sirvieses de modelos de ecuaciones estructurales en tu investigación es:

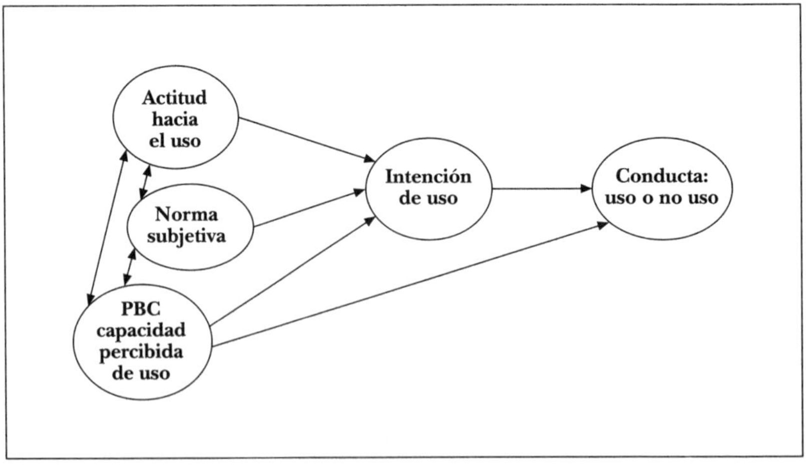

Nuestra primera variable latente exógena, la actitud, refleja la evaluación (positiva o negativa) que el lector realiza acerca de su conducta respecto a la utilización de modelos estructurales. La segunda, la norma subjetiva refiere la presión social que el sujeto percibe, a favor o en contra, de servirse de modelos estructurales, por ejemplo por parte de los editores de las revistas. La tercera, la PBC, es la percepción que el sujeto tiene sobre la facilidad o dificultad de utilizar dichos modelos, y refleja tanto experiencias pasadas (como por ejemplo, utilidad que se derivó de la lectura del primer libro) como obstáculos futuros que percibe, a saber: la dificultad de abordar el nuevo libro que ahora presentamos.

Estimado lector, los autores de este libro no somos conductistas, ni siquiera somos todos psicólogos, ni el libro está orientado exclusivamente a lectores que lo sean, pero sí que pensamos como Skinner, que la conducta puede "cultivarse" (Kindergarten es un *jardín* de infancia), conduciendo a que, o bien se abran nuevas oportunidades, o bien se cierre el paso al crecimiento en determinadas direcciones. Con el primer libro, por su tono amable, y déjanos decirte, simpático, deseábamos influenciar primero, tu actitud, de modo que la probabilidad de utilizar "modelos enlatados" disminuyese, y en cambio se incrementase la de analizar tus datos con modelos de ecuaciones estructurales. Segundo, con su sencillez, se trataba de desarrollar tus competencias para la realización de análisis con el programa LISREL, de manera que te percibieses capaz de ello. Por último, no es aventurado pensar, que tu entorno, cualquiera que éste sea, te habrá persuadido de la necesidad del uso de los modelos de ecuaciones estructurales. Todo ello, pensamos, se debería traducir en una mayor y más clara motivación e intención de utilizar modelos estructurales.

Tras impartir varios cursos en los cuales nos servimos del primer libro como texto básico, nos hemos dado cuenta de que una serie de temas relevantes para los investigadores aplicados no fueron cubiertos por falta de espacio. Asimismo, durante estos cuatro años, nuevos desarrollos en los modelos de ecuaciones estructurales han simplificado, en parte, la tarea de los investigadores aplicados (por ejemplo, el tratamiento de los datos ausentes es ahora mucho más sencillo) y en parte, la han complicado, elevando el nivel de exigencia metodológico de los editores de las revistas. Todo ello nos parece que puede afectar seriamente tu PBC y en consecuencia el efecto directo de esta autopercepción sobre ambas variables endógenas, la intención y, en definitiva, la utilización propiamente de modelos de ecuaciones estructurales. El objetivo de este libro es otro intento de hacer, en la medida de lo posible, sencillo lo complicado, sea manteniendo el nivel y estilo expositivos del primer libro, sea compartiendo con los lectores nuestra investigación en busca de variantes simplificadas de los distintos análisis. Te aseguro, estimado lector, que de aquellos recursos para persuadirte, que referíamos en el primer libro, el *pathos* que nos conecta a ti y a nosotros lo seguimos cuidando en estas páginas.

Sólo el lector podrá juzgar si este objetivo se ha conseguido. Probablemente solo sea en parte. Nuestra ambición nos ha llevado a cubrir un elevado número de temas para el espacio de que disponemos y muchos de estos temas son relativamente independientes entre sí, con lo que nos apartamos de la idea de libro de texto del anterior volumen. A pesar de ello, sólo el capítulo 12 se puede leer de forma realmente independiente, con lo que el lector siempre se beneficiará de abordar los capítulos por orden secuencial. En cualquier caso, los capítulos 4 y 6 presuponen la lectura del 3; el capítulo 5 presupone la lectura del 4 y el 3; los capítulos 7, 8 y 10 presuponen la lectura del 6 y el 3, y por último los capítulos 9 y 11 presuponen la del 5, el 4 y el 3.

Además de la lectura del libro en sí, el lector podrá practicar directamente con los archivos de datos y de sintaxis que en él se incluyen, que se pueden descargar libremente en la dirección http://www.udg.edu/fcee/professors/gcoenders/abst26.htm. Nuestra experiencia docente nos enseña que la práctica con datos reales es la única manera de consolidar y hacer aplicables los conceptos adquiridos en la lectura.

Por último, tras estos párrafos un poco atípicos a modo de introducción nos toca agradecer en primer lugar a los editores de la serie que nos hayan hecho otro hueco en la colección. En segundo lugar, agradecemos a nuestros compañeros Lluís Coromina, Carme Saurina y Manuel Sánchez García, la atenta lectura del borrador de la obra y los comentarios que nos formularon, que han contribuido mucho a mejorar la exposición. Los errores y puntos oscuros que todavía permanecen obedecen en gran parte a la tozudez de los autores por no tener en cuenta algunos de estos comentarios. Además de los autores del libro, Ferran Casas, Cristina Figuer, Mònica González, Josep Galí, Irmtraud Gallhofer, William M. van der Veld, Annette Scherpenzeel y Anna Andreenkova figuran como coautores de los trabajos cuyos datos se han utilizado como ejemplos en este libro. Por último, damos las gracias a los editores de la colección por haber fijado el mes de junio como fecha límite de entrega. Aunque, como suele ocurrir, la entrega no se ha producido hasta julio, este año sí que haremos vacaciones.

Barcelona, Girona y Amsterdam,
Julio de 2004.

1
INTRODUCCIÓN

En el año 2000, los autores del libro que tienes en tus manos publicamos otro titulado *Modelos de ecuaciones estructurales*, precisamente el número 6 de esta misma colección (Batista-Foguet y Coenders, 2000). Las 174 páginas de aquel libro constituían una introducción a la especificación, identificación, ajuste y contraste de este tipo de modelos, para presentar algunas de las aplicaciones más habituales, e incluso para introducir métodos de reciente desarrollo, como es el caso de variables ordinales y variables continuas no normales.

No obstante, muchas posibilidades en el uso de los modelos de ecuaciones estructurales quedaron necesariamente en el tintero. Por otro lado, este tipo de modelos está en plena ebullición, con lo que en los cuatro años transcurridos han aparecido nuevos métodos de estimación, nuevos contrastes, y nuevas estrategias de modelado. Otros desarrollos, aunque previos al año 2000, se han implementado en programas informáticos comerciales con posterioridad a esa fecha.

Como el anterior libro, el presente ilustra los ejemplos con el programa LISREL, ahora en la versión 8.54. Algunos de los modelos más elaborados que presentaremos requieren que los usuarios de LISREL especifiquen el modelo en notación matricial, que ahora introducimos en el capítulo 4. No obstante, los temas teóricos tratados pueden ser de interés también para usuarios de otros programas, pues, exceptuando pequeños cambios en la sintaxis, son todos cada vez más similares entre sí.

Como en el anterior libro, plantearemos ejemplos que servirán de hilo conductor a la explicación. El primer ejemplo, tomado de la psicopedagogía y la psicosociología, versa sobre la transmisión intergeneracional de los valores. En este ejemplo se dispone de una muestra de varios países entre los que se establecen comparaciones y existe una gran proporción de datos ausentes. El cuestionario de los hijos se administraba en la escuela durante una clase y fue mayoritariamente completado, mientras que el de los padres debía ser entregado por los hijos a los padres y devuelto después. El ejemplo sirve para ilustrar una serie de métodos y problemas comunes entre los investigadores:

1) En primer lugar, comparar países devuelve el interés a las medias, a menudo ignoradas, en los modelos de ecuaciones estructurales centrados casi exclusivamente en las covarianzas. En efecto, puede tener interés determinar si en promedio un valor tiene más aceptación en un país que en otro. Ello nos llevará a reformular el modelo de ecuaciones estructurales como un modelo de estructura de medias y covarianzas en el capítulo 3.
2) En segundo lugar, comparar varias poblaciones conducirá a contrastar hipótesis respecto a la igualdad de parámetros, por ejemplo, de un mismo parámetro en dos poblaciones. Estos contrastes pueden generalizarse al caso en que uno o más parámetros estén restringidos en una expresión lineal o no lineal que combina otros parámetros (capítulo 5).
3) En tercer lugar, el tratamiento de datos ausentes, en nuestro caso de los cuestionarios paternos, puede hacerse hoy en día por métodos estadísticamente mucho más justificados, más eficientes y menos sesgados que los clásicos de eliminación del caso con algún dato ausente ("listwise"), omisión del caso sólo en la variable que faltase ("pairwise"), o sustitución (sin sentido, en general) del valor del caso por la media de la variable. Dicho tratamiento será objeto del capítulo 6.
4) Por último, viene un aspecto menos estadístico y más de modelado. Si se quiere comparar varias poblaciones debemos asegurar primero que las variables latentes tengan la misma composición y significado en ambas poblaciones. De otro modo, posibles diferencias en la distribución de las variables latentes entre poblaciones no podrían atribuirse exclusivamente a diferencias reales.

A continuación, otros ejemplos terminarán de ilustrar las posibilidades de los desarrollos teóricos introducidos.

Los modelos no lineales, como los que especifican términos de interacción entre dos variables, son comunes en ciertas aplicaciones.

Estos modelos hacen uso de restricciones no lineales entre parámetros. Nosotros presentaremos un ejemplo en el campo del comportamiento del consumidor en que el efecto de los valores medioambientales sobre el comportamiento del consumidor responsable con el medio ambiente es mayor si éste percibe que tiene capacidad de influir en política.

Los modelos de curva de crecimiento latente se usan con datos de panel para representar la trayectoria individual de una variable en el tiempo, trayectoria que puede ser lineal, no lineal, o incluso verse influida por el efecto de una determinada intervención del investigador en el caso de datos experimentales. En este caso las variables latentes de interés se interpretan no sólo como valores verdaderos sino también como ritmos de crecimiento de dichos valores verdaderos. Este tipo de modelos requiere el uso de estructuras de medias y covarianzas, y suele presentar graves problemas de datos ausentes debido a que muchos sujetos suelen dejar de participar en el panel a lo largo del estudio. Presentamos un ejemplo propio de psicosociología del bienestar en el que se estudia la evolución de la satisfacción con la vida en general y con la satisfacción financiera en el hogar en Rusia, en los años de transición hacia una economía de mercado.

También presentamos modelos de medida un poco más elaborados que el modelo de análisis factorial confirmatorio. Se trata de modelos congenéricos, tau-equivalentes, paralelos y el modelo de análisis factorial de segundo orden. Presentaremos un ejemplo sobre medida de valores relativos al medio ambiente, a la igualdad de oportunidades y al entendimiento entre personas con opiniones distintas.

Frecuentemente, ocurre que en estudios iniciales o exploratorios el investigador se encuentra con un modelo con gran número de variables y una muestra de tamaño relativamente reducido. La manera de abordar este tipo de situaciones difiere en algunos aspectos de la metodología tradicional de los modelos de ecuaciones estructurales, y se ilustra sobre un ejemplo de sensibilidad de los consumidores a la marca en el momento de escoger un producto.

Por último, restan todavía cierto número de temas por abordar. Las versiones más recientes de algunos programas permiten hacer estimaciones y contrastes correctos con muestras complejas (por ejemplo, muestras por conglomerados, en las que las observaciones de un mismo grupo, por ejemplo niños de una misma clase, son dependientes (Muthén y Satorra, 1995) o con mixturas finitas de poblaciones (que constituyen variables latentes cualitativas, cuyas categorías dividen la muestra en grupos, ver Muthén, 2001a, 2001b). También es posible desarrollar modelos de ecuaciones estructurales multinivel, en los que se analizan por separado las matrices de covarianzas intra grupos y entre grupos (en este caso deben ser grupos observables, ver Coromina, Coenders y Kogovšek, 2004; Muthén, 1991, 1994). El supuesto de normalidad en el tratamiento de los datos ordinales puede relajarse parcialmente por medio del análisis de la distribución condicional a un conjunto de variables numéricas observables sin error que no se suponen distribuidas normalmente (Coenders, Satorra y Saris, 1997; Muthén, 1979, 1984). La revista *Structural Equation Modeling* es una buena fuente para estar al día de los nuevos desarrollos, así como algunos libros que han recogido las aportaciones recientes en este campo (Cudeck, Du Toit y Sörbom, 2001; Marcoulides y Moustaki, 2002; Marcoulides y Schumacker, 2001).

Este libro puede leerse de forma independiente, aunque requiere conocimientos introductorios de los modelos de ecuaciones estructurales. Recomendamos especialmente la lectura previa de nuestro libro anterior, el número 6 de la presente colección, porque respetamos la misma notación, aunque cualquier otro libro de nivel equivalente, como por ejemplo Raykov y Marcoulides (2000) o Kelloway (1998) puede ser igualmente adecuado.

2
EJEMPLO

Este ejemplo surge de un proyecto internacional en el que participaron España, Brasil, India, Noruega y Sudáfrica con el objeto de estudiar el uso de los medios audiovisuales en los escolares, entre 12 y 16 años, y las relaciones entre padres e hijos al respecto[1].

Algunas investigaciones recientes apuntan a que los valores personales y la calidad de vida percibida pueden estar relacionados (Casas, González, Figuer y Coenders, 2004; Kasser y Ahuvia, 2002). Se sugiere que las personas con valores materialistas (fama, dinero, poder, etc.) están menos satisfechas con la vida que las personas con valores intrínsecos (relaciones personales, comunidad, etc.). Coenders, Casas, Figuer y González (en prensa), ajustaron modelos de ecuaciones estructurales a estos mismos datos en los cinco países y sus resultados sugieren que entre los escolares, los valores que mejor explicaban la satisfacción con la vida eran los relacionados con el conocimiento y el aprendizaje. En este sentido, la transmisión de estos valores entre padres e hijos cobra una especial relevancia.

En este ejemplo, utilizamos solamente los datos de Brasil y España, los países que se encontraron más comparables en Coenders *et al.* (en prensa) y que conciernen a variables relativas a una parte de los valores de los padres y los hijos.

El cuestionario se diseñó y se probó primero en España, luego se tradujo al inglés, considerando las diferencias y especificidades culturales de cada país. Del inglés se tradujo a cada uno de los idio-

[1] El proyecto gozó del soporte de Childwatch International. Los investigadores principales de cada grupo fueron Egil Mjaavatn (Universidad Noruega de Ciencia y Tecnología, Trondheim, Noruega), Usha Nayar (Tata Institute of Social Sciences, India), Irene Rizzini (Universidad Católica Pontificia de Rio de Janeiro, Brasil), Rose September (Western Cape University, Sudáfrica) y Ferran Casas (Red Catalana Interdisciplinar de Investigadores sobre los Derechos de los Niños y su Calidad de Vida –XCIII– e Instituto de Investigación sobre Calidad de Vida, Universidad de Girona).

mas de los países participantes en el estudio. El cuestionario se adaptó a cada uno de los idiomas, y los cambios se incorporaron a una nueva versión inglesa.

Se seleccionó en cada país una región o ciudad determinada (en el caso español fue Cataluña), de la que se escogió una muestra aleatoria de escuelas, asegurando con la selección de las clases que todas las edades entre 12 y 16 años estuvieran debidamente representadas. Después de recabar la cooperación de los profesores, la dirección de la escuela y las asociaciones de padres y madres de alumnos, los cuestionarios se administraron en grupo durante el horario normal de clase.

Al final de la sesión se dio a cada escolar un sobre cerrado con la parte de la encuesta a responder por los padres. Cada cuestionario tenía un código que permitiría emparejarlo con el del hijo o hija. Una parte sustancial de los escolares no devolvieron el cuestionario paterno cumplimentado, lo que origina un problema de datos ausentes, tal como la tabla detalla:

TABLA 2.1. *Tamaños de muestra y fenómeno de no respuesta paterna.*

	Número de niños respondientes	Número de padres respondientes	Tasa de respuesta de los padres (%)
España	3118	1626	52,1
Brasil	860	263	30,6
Total	3978	1889	47,5

La modalidad de respuesta utilizada por los hijos consistía en una escala de 1 a 5, en la que expresaban hasta qué punto les gustaría ser apreciados por otras personas cuando tuvieran 21 años en cada uno de los valores siguientes:

- val_int: inteligencia
- val_htec: conocimientos técnicos
- val_prof: profesión
- val_sen: sensibilidad
- val_simp: simpatía
- val_din: dinero
- val_pod: poder

Los padres utilizaron la misma escala de 1 a 5 para expresar hasta qué punto les gustaría que sus hijos fueran apreciados en los mismos valores por otras personas cuando tuvieran 21 años.

Coenders *et al.* (en prensa) mostraron por medio de modelos de análisis factorial confirmatorio que estos siete valores se agrupan en torno a 3 dimensiones latentes, tanto para padres como para hijos, y en ambos países.

- Habil (valores de habilidad y conocimiento): inteligencia, conocimientos técnicos y profesión.
- Perso (valores de relaciones interpersonales): sensibilidad y simpatía.
- Mater (valores materiales): dinero y poder.

Aquellos ítems asociados a otros valores incluidos en el archivo de datos, fueron eliminados en el proceso de "poda de los ítems" (ver Batista-Foguet y Coenders, 1998) por considerarse inválidos o poco fiables. Para llegar al modelo final que se presenta aquí fue necesario un proceso largo de modificación, en que se descartaron los referidos ítems por ser poco válidos. Este proceso se llevó a cabo tres veces. Primero, con los datos de ambos países combinados en un único archivo, se intentó alcanzar un modelo de medición satisfactorio. Luego, con los datos de cada país por separado, se comprobó que el ajuste era bueno en ambos países.

De este modo, el modelo completo a estimar (que ya incluye la parte de medición y la de relaciones entre factores) se encuentra en la figura 2.1, donde los ítems que responden los padres vienen precedidos por "p_":

1) La componente de medición del modelo de los hijos (a la derecha de la figura) es idéntica a la de los padres (a la izquierda).
2) La significativa correlación entre los errores de inteligencia y conocimientos técnicos se interpretó como que ambas variables medían una misma subdimensión de los valores de habilidad y conocimiento, subdimensión que renunciamos a analizar por separado, puesto que sería necesario especificar un factor adicional.
3) Se supone que cada valor paterno influye sobre el mismo valor de los hijos.

4) A los valores paternos, en tanto que variables latentes exógenas, se les permite covariar libremente.
5) Las perturbaciones entre los valores de los hijos también se dejan covariar libremente. Esto es así porque no se pretende explicar todo el comportamiento sistemático de los valores de los hijos sólo a partir de los valores de los padres. La parte sistemática de las perturbaciones de las tres variables endógenas es plausible que correlacionen, en tanto en cuanto las tres variables miden temas relacionados (valores en los tres casos).

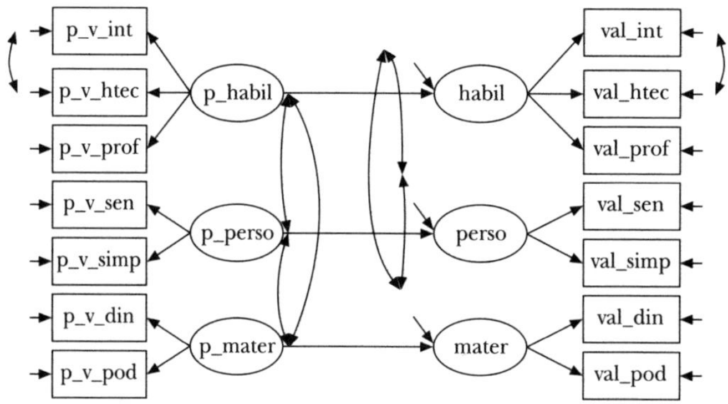

FIGURA 2.1. *Diagrama del modelo completo.*

Debido sobre todo al elevado número de valores ausentes de los padres, si tomamos sólo los individuos con información completa, perdemos una parte substancial de las observaciones y nos quedamos sólo con 1313 observaciones en España y 161 en Brasil. Las matrices de covarianzas y los vectores de medias calculados sólo con los casos completos están en la tabla 2.2.

TABLA 2.2. *Covarianzas y medias calculadas sobre los casos completos.*

España. Casos válidos (por lista): 1313 (42,1%)														
	p_v_int	p_v_htec	p_v_prof	p_v_sen	p_v_simp	p_v_din	p_v_pod	val_int	val_htec	val_prof	val_sen	val_simp	val_din	val_pod
p_v_int	,504	,257	,155	,098	,145	,101	,128	,094	,027	,066	,041	,031	,014	-,009
p_v_htec	,257	,497	,097	,086	,118	,142	,179	,059	,081	,052	,030	,018	,033	0,028
p_v_prof	,155	,097	,558	,228	,176	,155	,148	,030	,024	,069	,081	,021	,095	,075
p_v_sen	,098	,086	,228	,514	,263	,055	,059	,044	,028	,049	,108	,036	-,011	,003
p_v_simp	,145	,118	,176	,263	,458	,089	,110	,032	,022	,030	,065	,049	-,003	,000
p_v_din	,101	,142	,155	,055	,089	1,238	1,048	,013	,006	,063	,013	-,008	,243	,188
p_v_pod	,128	,179	,148	,059	,110	1,048	1,308	,023	,023	,077	,021	,006	,243	,246
val_int	,094	,059	,030	,044	,032	,013	,023	,785	,461	,403	,298	,298	,158	,166
val_htec	,027	,081	,024	,028	,022	,006	,023	,461	,806	,382	,260	,236	,259	,282
val_prof	,066	,052	,069	,049	,030	,063	,077	,403	,382	,954	,344	,320	,291	,294
val_sen	,041	,030	,081	,108	,065	,013	,021	,298	,260	,344	1,010	,443	,218	,186
val_simp	,031	,018	,021	,036	,049	-,008	,006	,298	,236	,320	,443	,724	,098	,099
val_din	,014	,033	,095	-,011	-,003	,243	,243	,158	,259	,291	,218	,098	1,614	1,255
val_pod	-,009	,028	,075	,003	,000	,188	,246	,166	,282	,294	,186	,099	1,255	1,576
Medias	4,200	3,938	4,418	4,389	4,335	2,519	2,475	3,770	3,641	3,893	3,755	4,182	2,619	2,604

TABLA 2.2. *Covarianzas y medias calculadas sobre los casos completos.* [continuación]

Brasil. Casos válidos (por lista): 161 (18,7%)

	p_v_int	p_v_htec	p_v_prof	p_v_sen	p_v_simp	p_v_din	p_v_pod	val_int	val_htec	val_prof	val_sen	val_simp	val_din	val_pod
p_v_int	,363	,228	,133	,145	,112	,099	,158	,109	,065	,097	,053	,024	,081	,053
p_v_htec	,228	,797	,240	,282	,166	,296	,487	,036	,052	,112	,062	,060	,110	,049
p_v_prof	,133	,240	,464	,203	,198	,214	,218	,040	,016	,088	,079	,062	,074	,077
p_v_sen	,145	,282	,203	,695	,361	,189	,240	,061	,091	,011	,154	,113	-,010	-,014
p_v_simp	,112	,166	,198	,361	,551	,176	,230	,078	,098	,035	,116	,108	,031	,009
p_v_din	,099	,296	,214	,189	,176	1,814	1,228	-,030	-,098	,075	-,057	,081	,496	,264
p_v_pod	,158	,487	,218	,240	,230	1,228	1,648	,018	-,005	,048	,014	,070	,387	,256
val_int	,109	,036	,040	,061	,078	-,030	,018	,587	,265	,293	,292	,176	,143	,300
val_htec	,065	,052	,016	,091	,098	-,098	-,005	,265	,755	,280	,322	,179	,165	,184
val_prof	,097	,112	,088	,011	,035	,075	,048	,293	,280	,687	,258	,157	,290	,324
val_sen	,053	,062	,079	,154	,116	-,057	,014	,292	,322	,258	1,065	,477	,231	,280
val_simp	,024	,060	,062	,113	,108	,081	,070	,176	,179	,157	,477	,725	,168	,126
val_din	,081	,110	,074	-,010	,031	,496	,387	,143	,165	,290	,231	,168	1,817	1,249
val_pod	,053	,049	,077	-,014	,009	,264	,256	,300	,184	,324	,280	,126	1,249	1,900
Medias	4,528	4,124	4,478	4,292	4,472	2,932	2,950	4,112	4,031	4,453	3,901	4,273	3,118	3,112

3
ESTRUCTURA DE MEDIAS

3.1. Introducción, ejemplo y especificación

Si las medias y términos constantes constituyen parámetros de interés, se deben analizar los datos sin centrar, o, lo que es lo mismo, tener en cuenta la matriz de covarianzas a la vez que el vector de medias. El modelo deja entonces de llamarse modelo de estructura de covarianzas y pasa a llamarse modelo de estructura de medias y covarianzas (Sörbom, 1974).

Veamos antes un sencillo modelo de estructura de covarianzas, con los mismos datos del ejemplo, al que luego añadiremos la estructura de medias. Supongamos un modelo (figura 3.1) en que los valores materiales de los hijos (f_2) dependen de los valores materiales de los padres (f_1). Los indicadores son:

$$\begin{aligned} v_1 &= \text{p\_v\_din} \\ v_2 &= \text{p\_v\_pod} \\ v_3 &= \text{val\_din} \\ v_4 &= \text{val\_pod} \end{aligned} \tag{3.1}$$

Las ecuaciones de este modelo serían:

$$\begin{aligned} v_1 &= f_1 + e_1 \\ v_2 &= \lambda_{21} f_1 + e_2 \\ v_3 &= f_2 + e_3 \\ v_4 &= \lambda_{42} f_2 + e_4 \\ f_2 &= \beta_{21} f_1 + d_2 \end{aligned} \tag{3.2}$$

con los supuestos habituales (Batista-Foguet y Coenders, 2000) de datos centrados normales multivariantes, mutua incorrelación entre errores de medición, incorrelación entre errores de medición y factores, incorrelación entre perturbaciones y factores exógenos, e incorporando varianzas y covarianzas como parámetros adicionales (en este caso sólo las varianzas del factor exógeno, ϕ, de la perturbación, ψ, y de los términos de error, θ). En la notación de Batista-Foguet y Coenders (2000), estos supuestos y parámetros se expresan en la distribución conjunta de las fuentes de variación del modelo del modo siguiente:

$$\begin{pmatrix} f_1 \\ d_2 \\ e_1 \\ e_2 \\ e_3 \\ e_4 \end{pmatrix} \rightarrow N\left(\begin{pmatrix} 0 \\ 0 \\ 0 \\ 0 \\ 0 \\ 0 \end{pmatrix}, \begin{pmatrix} \phi_{11} & 0 & 0 & 0 & 0 & 0 \\ 0 & \psi_{22} & 0 & 0 & 0 & 0 \\ 0 & 0 & \theta_{11} & 0 & 0 & 0 \\ 0 & 0 & 0 & \theta_{22} & 0 & 0 \\ 0 & 0 & 0 & 0 & \theta_{33} & 0 \\ 0 & 0 & 0 & 0 & 0 & \theta_{44} \end{pmatrix}\right) \qquad (3.3)$$

donde el supuesto de normalidad puede relajarse. El gráfico "path diagram" está en la figura 3.1.

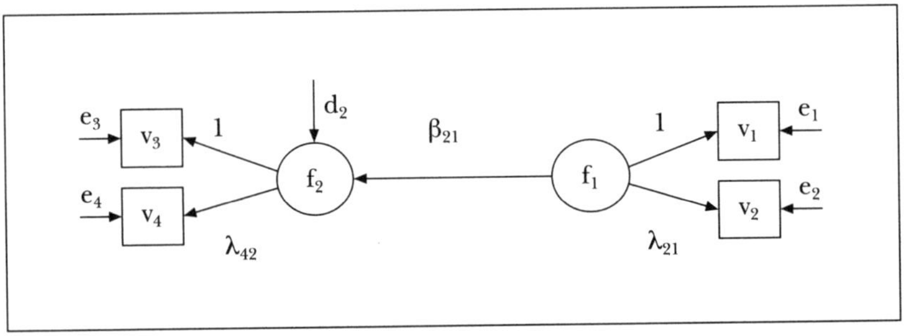

FIGURA 3.1. *Ejemplo sencillo de estructura de covarianzas.*

Considerar ahora la estructura de medias implica incorporar tres nuevos tipos de parámetros:

1) Términos constantes de las ecuaciones de medición (τ): esperanzas de las variables observables cuando el valor de la variable latente es cero.

2) Términos constantes de las ecuaciones que relacionan variables latentes entre sí (α), que se interpretan como en un modelo de regresión.
3) Esperanzas de los factores exógenos (α).

Para identificar el origen de las variables latentes es costumbre fijar a cero uno de los parámetros τ para cada variable latente, del mismo modo que para identificar su varianza se acostumbra a fijar a la unidad una de las saturaciones λ.

Según lo dicho, las ecuaciones quedan como:

$$\begin{aligned} v_1 &= f_1 + e_1 \\ v_2 &= \tau_2 + \lambda_{21} f_1 + e_2 \\ v_3 &= f_2 + e_3 \\ v_4 &= \tau_4 + \lambda_{42} f_2 + e_4 \\ f_1 &= \alpha_1 + f_{1c} \\ f_2 &= \alpha_2 + \beta_{21} f_1 + d_2 \end{aligned} \tag{3.4}$$

con los mismos supuestos pero incorporando la esperanza del factor exógeno (α_1) como parámetro adicional:

$$\begin{pmatrix} f_1 \\ d_2 \\ e_1 \\ e_2 \\ e_3 \\ e_4 \end{pmatrix} \rightarrow N\left(\begin{pmatrix} \alpha_1 \\ 0 \\ 0 \\ 0 \\ 0 \\ 0 \end{pmatrix}, \begin{pmatrix} \phi_{11} & 0 & 0 & 0 & 0 & 0 \\ 0 & \psi_{22} & 0 & 0 & 0 & 0 \\ 0 & 0 & \theta_{11} & 0 & 0 & 0 \\ 0 & 0 & 0 & \theta_{22} & 0 & 0 \\ 0 & 0 & 0 & 0 & \theta_{33} & 0 \\ 0 & 0 & 0 & 0 & 0 & \theta_{44} \end{pmatrix}\right) \tag{3.5}$$

La ecuación para f_1 en 3.4 indica simplemente que dicho factor es igual a sí mismo centrado (f_{1c}) más su esperanza (α_1).

Ahora el "path diagram" incorpora los nuevos parámetros como si estuvieran multiplicados por una "variable constante" e igual a 1, que en la figura 3.2 se representa en un triángulo:

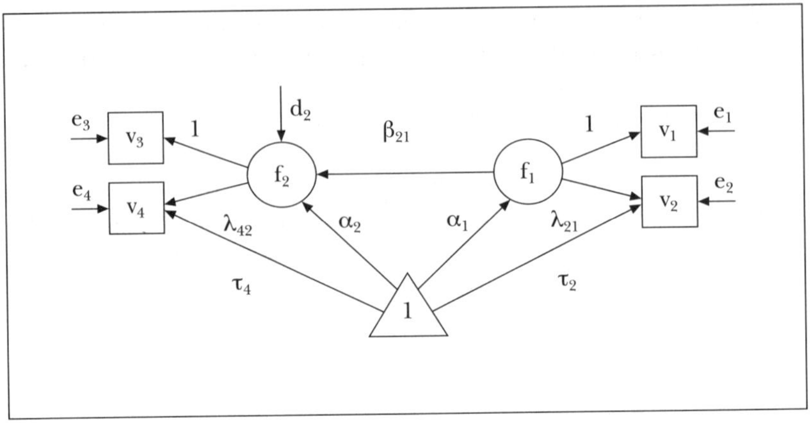

FIGURA 3.2. *Ejemplo sencillo reformulado como estructura de medias y covarianzas.*

3.2. ESTRUCTURA DE MEDIAS

Del mismo modo que las covarianzas de las variables observables pueden relacionarse con parámetros del modelo por medio de las reglas del "path analysis" o de las propiedades de las varianzas y covarianzas, las esperanzas de las variables observables pueden relacionarse con los valores de los parámetros por medio de ecuaciones estructurales adicionales aplicando las propiedades de las esperanzas matemáticas. De esta manera, a partir de medias y covarianzas, será posible estimar la totalidad de los parámetros del modelo si éste está identificado.

En nuestro caso, la estructura de medias está exactamente identificada, pues existen cuatro medias y cuatro parámetros relacionados sólo con estas medias (α_1, α_2, τ_4 y τ_2). La estructura de covarianzas tiene un grado de libertad (10 covarianzas y varianzas para 9 parámetros, β_{21}, λ_{21}, λ_{42}, ϕ_{11}, ψ_{22}, θ_{11}, θ_{22}, θ_{33}, θ_{44}). En cualquier caso, las ecuaciones deben considerarse conjuntamente, con lo que tenemos 14 ecuaciones para 13 parámetros, o sea un grado de libertad.

La estructura de medias $\boldsymbol{\mu}(\mathbf{p})$ y de las covarianzas no duplicadas $\boldsymbol{\Sigma}(\mathbf{p})$ resulta ser:

$$\begin{cases} \sigma_{11} = \phi_{11} + \theta_{11} \\ \sigma_{21} = \phi_{11}\lambda_{21} \\ \sigma_{22} = \phi_{11}\lambda_{21}^2 + \theta_{22} \\ \sigma_{31} = \phi_{11}\beta_{21} \\ \sigma_{32} = \phi_{11}\beta_{21}\lambda_{21} \\ \sigma_{33} = \left(\phi_{11}\beta_{21}^2 + \psi_{22}\right) + \theta_{33} \\ \sigma_{41} = \phi_{11}\beta_{21}\lambda_{42} \\ \sigma_{42} = \phi_{11}\beta_{21}\lambda_{42}\lambda_{21} \\ \sigma_{43} = \left(\phi_{11}\beta_{21}^2 + \psi_{22}\right)\lambda_{42} \\ \sigma_{44} = \left(\phi_{11}\beta_{21}^2 + \psi_{22}\right)\lambda_{42}^2 + \theta_{44} \\ E(v_1) = E(f_1) = \alpha_1 \\ E(v_2) = \tau_2 + \lambda_{21}E(f_1) = \tau_2 + \lambda_{21}\alpha_1 \\ E(v_3) = E(f_2) = \alpha_2 + \beta_{21}E(f_1) = \alpha_2 + \beta_{21}\alpha_1 \\ E(v_4) = \tau_4 + \lambda_{42}E(f_2) = \tau_4 + \lambda_{42}(\alpha_2 + \beta_{21}\alpha_1) \end{cases} \tag{3.6}$$

3.3. IDENTIFICACIÓN

Si para cada variable latente existe un parámetro τ restringido a cero mientras que los demás son libres, como también lo son los parámetros α, entonces la estructura de medias está exactamente identificada. En esta situación, los resultados relativos a los parámetros de la estructura de covarianzas son idénticos, tanto si se analizan medias y covarianzas como si sólo se analiza la estructura de covarianzas. El análisis de la estructura de medias y covarianzas tiene sentido y utilidad cuando el interés se centra en estimar y contrastar hipótesis sobre los términos constantes o relativas a las esperanzas de los factores. Uno de los casos más habituales es la comparación de varias poblaciones, como se verá después en los capítulos 7 y 8. Otro es la evolución de la media de una variable a lo largo del tiempo (capítulo 10). También es necesaria la estructura de medias para ciertos tratamientos de datos ausentes (ver capítulo 6). En nuestro ejemplo, y sin salir del presente capítulo, podría tener interés comparar las medias de los valores materiales de padres e hijos.

Los parámetros relacionados con el término constante y con la esperanza de factores pueden restringirse, con lo que el modelo con estructura de medias y covarianzas ganará grados de libertad con respecto al que sólo estructurase covarianzas, y su estimación tenderá a ser más eficiente. Incluso puede ocurrir que una estructura de covarianzas, en principio no identificada, lo fuese gracias a grados de libertad que proviniesen de la estructura de medias, como ocurre en algunos modelos del capítulo 10. En estos casos, los resultados sólo con la estructura de covarianzas serían diferentes.

3.4. Estimación y bondad del ajuste

Al igual que un modelo de estructura de covarianzas, el que incorpora la estructura de medias se estima minimizando una determinada función de ajuste que expresa las discrepancias entre las medias y covarianzas muestrales y las implicadas por el modelo. En el caso de la estructura de covarianzas, esta función de ajuste tenía en cuenta el vector de covarianzas residuales no duplicadas y una matriz de pesos **W** que dependía del método de estimación:

$$\mathrm{F} = \left(\mathbf{S}-\boldsymbol{\Sigma}(\mathbf{p})\right)' \mathbf{W}\left(\mathbf{S}-\boldsymbol{\Sigma}(\mathbf{p})\right) \tag{3.7}$$

En el caso de una estructura de medias y covarianzas, basta con añadir también los residuos de las medias debidamente ponderados:

$$\mathrm{F} = \left(\mathbf{S}-\boldsymbol{\Sigma}(\mathbf{p})\right)' \mathbf{W}\left(\mathbf{S}-\boldsymbol{\Sigma}(\mathbf{p})\right) + \left(\overline{\nu}-\boldsymbol{\mu}(\mathbf{p})\right)' \mathbf{W}_{\mu}\left(\overline{\nu}-\boldsymbol{\mu}(\mathbf{p})\right) \tag{3.8}$$

donde $\left(\overline{\nu}-\boldsymbol{\mu}(\mathbf{p})\right)$ es el vector de residuos de la estructura de medias (medias muestrales menos esperanzas implicadas por los parámetros del modelo), y $\mathbf{W}_{\mu}$ es una matriz de pesos para los residuos de las medias, calculada como $\boldsymbol{\Sigma}(\mathbf{p})^{-1}$ (máxima verosimilitud o ML) o $\mathbf{S}^{-1}$ (mínimos cuadrados no ponderados o ULS, mínimos cuadrados ponderados bajo normalidad –GLS/NT-WLS– y método asintóticamente libre de distribución –WLS/ADF). **W** es la matriz de pesos de los residuos de las covarianzas determinada según el método de estimación y es igual a la matriz que tendríamos en el análisis de una estructura de covarianzas (ver Batista-Foguet y Coenders, 2000, para más detalles).

El diagnóstico de la bondad de ajuste se realiza de modo muy parecido a los modelos de estructura de covarianzas, y pueden aplicarse los mismos índices de bondad del ajuste.

Estos modelos tienen dos tipos de residuos, una matriz de covarianzas residuales y un vector de medias residuales. La presencia de medias residuales elevadas indicaría la conveniencia de añadir parámetros a la estructura de medias (α o τ). La significación de parámetros α o τ omitidos puede también contrastarse por medio de índices de modificación (contrastes de los multiplicadores de Lagrange).

3.5. Sintaxis y resultados para el ejemplo

Consideremos el modelo de la figura 3.2 con la matriz de covarianzas y el vector de medias de la tabla 2.2, obtenidos eliminando todos los hijos que, bien ellos mismos o bien sus padres dejaron de responder alguna pregunta del cuestionario. Se usan sólo los datos de la muestra catalana.

La sintaxis SIMPLIS se muestra en la figura 3.3. Las principales diferencias (en negrita) con respecto a una estructura de covarianzas consisten en: introducir un vector de medias (que alternativamente podría estar en un archivo externo, con lo que bastaría indicar su nombre como "means from file"); incluir en el apartado "relationships" el término constante en las ecuaciones requeridas (palabra clave "const"); y por último, incluir una ecuación sólo con el término constante para los factores exógenos cuya media sea distinta de cero.

```
Modelo de valores materiales
observed variables:
val_din     val_pod     p_v_din     p_v_pod
Covariance Matrix
1.614
1.255       1.576
0.243       0.188       1.238
0.243       0.246       1.048       1.308
means
2.619       2.604       2.519       2.475
sample size: 1313
latent variables
mater p_mater
```

```
relationships:
val_din=1*mater
val_pod=const mater
p_v_din=1*p_mater
p_v_pod=const p_mater
mater = const p_mater
p_mater = const
options: me=ml rs mi ad=off
end of problem
```

FIGURA 3.3. *Sintaxis SIMPLIS con estructura de medias.*

"ad=off" es una opción que desactiva el control de admisibilidad del modelo. En este caso ha sido necesaria, porque en una iteración intermedia el modelo alcanzaba una varianza de error negativa y el programa detenía el proceso. Lo importante es que esto no suceda en la iteración final, con lo que se recomienda introducir esta opción si fuese necesario, y examinar con sumo cuidado que las estimaciones finales de los parámetros sean admisibles. Los resultados se muestran a continuación:

```
        Measurement Equations

val_din = 1.00*mater, Errorvar.= 0.27 , R² = 0.83
                                (0.14)
                                 1.92

val_pod = 0.16   + 0.93*mater, Errorvar.= 0.40 , R² = 0.74
         (0.26)   (0.099)                (0.12)
          0.61     9.44                   3.28

p_v_din = 1.00*p_mater, Errorvar.= 0.29  , R² = 0.77
                                  (0.091)
                                   3.15

p_v_pod = - 0.30  + 1.10*p_mater, Errorvar.= 0.15 , R² = 0.88
           (0.27)   (0.11)                  (0.11)
           -1.11    10.42                    1.42

        Structural Equations

  mater = 2.02   + 0.24*p_mater, Errorvar.= 1.29 , R² = 0.040
         (0.10)   (0.038)                  (0.15)
         19.91     6.33                     8.68
```

```
        Variances of Independent Variables

            p_mater
           --------
              0.95
            (0.10)
              9.39

        Covariance Matrix of Latent Variables

              mater      p_mater
           --------   --------
   mater       1.34
 p_mater       0.23       0.95

        Mean Vector of Dependent Variables

              mater
           --------
              2.62

        Mean Vector of Independent Variables

            p_mater
           --------
              2.52
            (0.03)
             82.00

                          Goodness of Fit Statistics

                          Degrees of Freedom = 1
        Minimum Fit Function Chi-Square = 15.80 (P = 0.00)
 Normal Theory Weighted Least Squares Chi-Square = 15.70 (P = 0.00)
         Estimated Non-centrality Parameter (NCP) = 14.70
      90 Percent Confidence Interval for NCP = (5.37 ; 31.45)

                  Minimum Fit Function Value = 0.012
        Population Discrepancy Function Value (F0) = 0.011
     90 Percent Confidence Interval for F0 = (0.0041 ; 0.024)
       Root Mean Square Error of Approximation (RMSEA) = 0.11
     90 Percent Confidence Interval for RMSEA = (0.064 ; 0.15)
       P-Value for Test of Close Fit (RMSEA < 0.05) = 0.016

          Expected Cross-Validation Index (ECVI) = 0.032
     90 Percent Confidence Interval for ECVI = (0.022 ; 0.041)
                  ECVI for Saturated Model = 0.015
                  ECVI for Independence Model = 1.41
```

```
Chi-Square for Independence Model with 6 Degrees of Freedom = 1840.01
                     Independence AIC = 1848.01
                            Model AIC = 41.70
                        Saturated AIC = 20.00
                    Independence CAIC = 1872.73
                           Model CAIC = 122.05
                       Saturated CAIC = 81.80

                  Normed Fit Index (NFI) = 0.99
             Non-Normed Fit Index (NNFI) = 0.95
         Parsimony Normed Fit Index (PNFI) = 0.17
             Comparative Fit Index (CFI) = 0.99
             Incremental Fit Index (IFI) = 0.99
               Relative Fit Index (RFI) = 0.95

                     Critical N (CN) = 551.98

        Root Mean Square Residual (RMR) = 0.010
                  Standardized RMR = 0.0072
             Goodness of Fit Index (GFI) = 0.99
       Adjusted Goodness of Fit Index (AGFI) = 0.94
      Parsimony Goodness of Fit Index (PGFI) = 0.099

 Modelo de valores materiales

        Fitted Covariance Matrix

             val_din    val_pod    p_v_din    p_v_pod
            --------   --------   --------   --------
 val_din        1.61
 val_pod        1.25       1.58
 p_v_din        0.23       0.21       1.24
 p_v_pod        0.25       0.23       1.05       1.31

        Fitted Means

             val_din    val_pod    p_v_din    p_v_pod
            --------   --------   --------   --------
                2.62       2.60       2.52       2.48

        Fitted Residuals

             val_din    val_pod    p_v_din    p_v_pod
            --------   --------   --------   --------
 val_din        0.00
 val_pod        0.00       0.00
 p_v_din        0.02      -0.02       0.00
 p_v_pod       -0.01       0.01       0.00       0.00
```

```
        Fitted Residuals for Means

           val_din     val_pod     p_v_din     p_v_pod
          --------    --------    --------    --------
              0.00        0.00        0.00        0.00

        Standardized Residuals

           val_din     val_pod     p_v_din     p_v_pod
          --------    --------    --------    --------
 val_din      - -
 val_pod      - -         - -
 p_v_din      3.96       -3.96        - -
 p_v_pod     -3.96        3.96        - -         - -

 The Modification Indices Suggest to Add an Error Covariance
  Between      and      Decrease in Chi-Square    New Estimate
  p_v_din   val_din             15.7                   0.06
  p_v_din   val_pod             15.7                  -0.06
  p_v_pod   val_din             15.7                  -0.07
  p_v_pod   val_pod             15.7                   0.06
```

FIGURA 3.4. *Resultados SIMPLIS con estructura de medias.*

Empecemos, como es habitual, por la valoración de la bondad del ajuste (ver Batista-Foguet y Coenders, 1998, 2000, para más detalles). Se entiende que no se han producido problemas graves de identificación o estimación, dado que el proceso de estimación converge (con la salvedad hecha en el párrafo anterior), las varianzas son todas positivas y los errores estándar son de magnitud razonable.

El contraste χ^2 de bondad del ajuste conduce al rechazo de las restricciones del modelo y el error cuadrático medio de aproximación (RMSEA) es superior a 0,05. Por otro lado, otras medidas de bondad del ajuste juzgan más favorablemente nuestro modelo. Así, los valores del índice de ajuste comparado (CFI) y del índice de ajuste no normado (NNFI) son iguales o superiores a 0,95 y por tanto aceptables. La raíz del residuo estandarizado cuadrático medio (standardized RMR o SRMR) es muy inferior a 0,05, lo cual también sugiere una bondad de ajuste aceptable.

Estas discrepancias, que conducirían a distintas conclusiones, no son de extrañar dada la diferencia en la sensibilidad de los distintos contrastes y medidas de bondad del ajuste (Saris, Satorra y Sörbom, 1987). Esta sensibilidad depende, a su vez, de ciertas características del modelo, tales como el tamaño de la muestra, la fiabilidad de los indicadores y la parquedad del modelo (Saris, Satorra y Sörbom, 1987). Estos autores defienden que siempre debe tenerse en cuenta la potencia de la prueba al evaluar si el modelo debe rechazarse o no.

Contrastar la potencia de una prueba es una tarea tediosa, pero podemos tener una impresión de la potencia del test de χ^2 a partir del cambio esperado del parámetro, el "new estimate" que aparece junto a los contrastes de los índices de modificación. En la figura 3.4, puede observarse que los coeficientes que estos índices sugieren introducir en el modelo son reducidos, aunque la disminución asociada a χ^2 sea relativamente grande. Esto significa que este test es muy sensible a pequeños errores, es decir, que tiene una potencia elevada frente a reducidos errores de especificación.

Esta potencia elevada es debida tanto al elevado tamaño de la muestra como al hecho de que las saturaciones y el coeficiente que relaciona ambos factores sean estadísticamente significativos, y los coeficientes de determinación de las ecuaciones de medición, que asociamos a calidad de medición, sean elevados. En esta situación, nos parece que la introducción de inapreciables coeficientes es sustantivamente irrelevante, por lo que decidimos ignorar estos insignificantes errores de especificación y aceptar el modelo tal como está.

La interpretación debe necesariamente poner el énfasis en los parámetros relacionados con la estructura de medias que constituyen la novedad de este capítulo. La media de la variable latente exógena (valores materiales de los padres), igual a 2,52, aparece en una tabla aparte. La media de la variable latente endógena (valores materiales de los hijos), igual a 2,62; aunque no constituye ningún parámetro del modelo, también es suministrada por el programa (por supuesto, sin error estándar).

Los términos constantes estimados aparecen en las propias ecuaciones. La interpretación de los términos constantes se refiere al valor cero de la variable explicativa, con lo que a menudo es relativamente poco útil en el caso de una única población, igual que ocurre con los términos constantes en un modelo de regresión. Con varias poblaciones, en cambio, puede tener interés comparar si la relación funcional entre variables es la misma o varía de una a otra.

En el caso de las ecuaciones de medición, de hecho, los parámetros τ y λ conjuntamente relacionan las unidades de medición de la variable observable con la latente, que toma las unidades prestadas de una de las variables observables. Así, por ejemplo si $\lambda_{21}=1$ y $\tau_2=0$, podríamos decir que las unidades de medición de v_1 (variable que fija las unidades de f_1) y v_2 son las mismas. Para contrastar esta hipótesis, podríamos formular otro modelo sustituyendo la línea:

```
p_v_pod=1*p_mater
```

y realizar el contraste por medio del cambio en la χ^2.

3.6. Nuevo índice de bondad del ajuste

Desde la publicación del anterior libro (Batista-Foguet y Coenders, 2000), ha aparecido literatura relevante respecto la bondad del ajuste. En particular, la raíz del residuo estandarizado cuadrático medio (SRMR) se había revelado como un índice de bondad del ajuste capaz de discriminar correctamente los modelos buenos de los que no lo son (Hu y Bentler, 1998), aunque no tuviese en cuenta la parquedad del modelo (e.g. Batista-Foguet y Coenders, 2000).

Para solventar este último aspecto, Corten *et al.* (2002) sugieren modificarlo, considerando el número de grados de libertad, g, relativo al número total de varianzas y covarianzas. Así, la llamada raíz del residuo estandarizado cuadrático medio ajustada por parquedad (PSRMR), se calcula como:

$$PSRMR = \sqrt{\frac{\sum_{i=1}^{p}\sum_{j=1}^{i}\left[\left(s_{ij}-\hat{\sigma}_{ij}\right)/s_{ii}s_{jj}\right]^2}{g}} =$$

$$= SRMR\sqrt{\frac{k(k+1)/2}{g}} = SRMR\sqrt{\frac{(k^2+k)/2}{g}} \tag{3.9}$$

donde k es el número de variables observables. Este índice se adapta fácilmente al analizar también la estructura de medias como:

$$PSRMR = SRMR\sqrt{\frac{\text{número de varianzas, covarianzas y medias}}{g}} =$$

$$= SRMR\sqrt{\frac{(k^2+3k)/2}{g}} \tag{3.10}$$

En nuestro caso tenemos 14 medias, varianzas y covarianzas y g=1 grado de libertad, con lo que el PSRMR se obtendría como:

$$\text{PSRMR} = 0{,}0072\sqrt{14} = 0{,}027 \tag{3.11}$$

valor inferior a 0,05, y superior al de SRMR debido al reducido número de grados de libertad del modelo.

También se han desarrollado contrastes robustos frente a la no normalidad para modelos de estructura de medias y covarianzas (Satorra, 1992; 1993). Sin embargo, en la versión actual de LISREL, estos contrastes resultan complicados para modelos que incluyan la estructura de medias y quedan fuera del alcance de este texto. Si se sospecha que la distribución se desvía fuertemente de la normalidad, recomendamos el uso de otros programas (e.g. MPLUS, ver Muthén y Muthén, 2004) o restringir el análisis solamente al de la estructura de covarianzas.

4
NOTACIÓN MATRICIAL

4.1. Especificación de un modelo general en notación matricial

Presentamos a continuación la especificación de un modelo de ecuaciones estructurales en notación matricial. LISREL admite para la mayoría de los modelos ambos tipos de representación, con ecuaciones (SIMPLIS) y con matrices (LISREL). No obstante, hay excepciones. Por ejemplo, modelos en los que un factor exógeno afecta a algún indicador de factores endógenos (o a la inversa), y modelos con restricciones no lineales entre parámetros (ver capítulo 9) sólo pueden formularse con notación matricial.

En la notación estándar, el modelo estructural se expresa como un sistema de ecuaciones lineales que relacionan factores con factores. Sólo se añaden los términos constantes respecto del sistema que se presentaba en Batista-Foguet y Coenders (2000):

$$\begin{aligned} f_1 &= \alpha_1 + \qquad\qquad \beta_{12} f_2 + \beta_{13} f_3 \ldots + \beta_{1m-1} f_{m-1} + \beta_{1m} f_m + d_1 \\ f_2 &= \alpha_2 + \beta_{21} f_1 \qquad\qquad + \beta_{23} f_3 \ldots + \beta_{2m-1} f_{m-1} + \beta_{2m} f_m + d_2 \\ &\ldots\ldots \\ f_m &= \alpha_m + \beta_{m1} f_1 + \beta_{m2} f_2 + \beta_{m3} f_3 \ldots + \beta_{mm-1} f_{m-1} \qquad\qquad + d_m \end{aligned} \tag{4.1}$$

La reexpresión matricial de la ecuación anterior es directa:

$$\mathbf{f} = \boldsymbol{\alpha} + \mathbf{B}\mathbf{f} + \mathbf{d} \tag{4.2}$$

$$\begin{pmatrix} f_1 \\ f_2 \\ \vdots \\ f_m \end{pmatrix} = \begin{pmatrix} \alpha_1 \\ \alpha_2 \\ \vdots \\ \alpha_m \end{pmatrix} + \begin{pmatrix} 0 & \beta_{12} & \cdots & \beta_{1m} \\ \beta_{21} & 0 & \cdots & \beta_{2m} \\ \vdots & \vdots & \ddots & \vdots \\ \beta_{m1} & \beta_{m2} & \cdots & 0 \end{pmatrix} \begin{pmatrix} f_1 \\ f_2 \\ \vdots \\ f_m \end{pmatrix} + \begin{pmatrix} d_1 \\ d_2 \\ \vdots \\ d_m \end{pmatrix} \tag{4.3}$$

Asumiendo que r de los m factores son exógenos y estos están ordenados al inicio de la lista de variables, sus varianzas y covarianzas y las de las perturbaciones se expresan como:

$$COV(\mathbf{f},\mathbf{d}) = \begin{pmatrix} \Phi & 0 \\ 0 & \Psi \end{pmatrix} \tag{4.4}$$

con:

$$\Phi = \begin{pmatrix} \phi_{11} & \phi_{21} & \cdots & \phi_{r1} \\ \phi_{21} & \phi_{22} & \cdots & \phi_{r2} \\ \vdots & \vdots & \ddots & \vdots \\ \phi_{r1} & \phi_{r2} & \cdots & \phi_{rr} \end{pmatrix} \tag{4.5}$$

$$\Psi = \begin{pmatrix} \psi_{r+1\,r+1} & \psi_{r+2\,r+1} & \cdots & \psi_{m\,r+1} \\ \psi_{r+2\,r+1} & \psi_{r+2\,r+2} & \cdots & \psi_{m\,r+2} \\ \vdots & \vdots & \ddots & \vdots \\ \psi_{m\,r+1} & \psi_{m\,r+2} & \cdots & \psi_{m\,m} \end{pmatrix} \tag{4.6}$$

En un modelo sólo de medida, la matriz **B** contiene únicamente ceros y no existen perturbaciones d ni, por tanto, la matriz Ψ. En un modelo con dados centrados, $\boldsymbol{\alpha}$ incluye sólo ceros.

Esta notación corresponde a lo que el programa LISREL llama "todas las variables son y" (ver Jöreskog y Sörbom, 1989); es la que permite una formulación más flexible de los modelos y la que necesita la especificación de un número menor de matrices. Existe sólo una diferencia: cuando todas las variables son y, LISREL no hace distinción entre los parámetros ϕ y ψ, de manera que los organiza todos en una única matriz Ψ, en el orden en que estén especificados los factores, con independencia de su carácter exógeno o endógeno. La matriz Ψ de LISREL, por lo tanto, corresponde a lo que nosotros llamamos COV(**f**,**d**) y contiene tanto varianzas-covarianzas entre factores exógenos como varianzas-covarianzas entre las perturbaciones.

En lo que respecta a la parte de medición, la notación tradicional sería:

$$
\begin{aligned}
v_1 &= \tau_1 + \lambda_{11} f_1 + \lambda_{12} f_2 + \ldots. + \lambda_{1m} f_m + e_1 \\
v_2 &= \tau_2 + \lambda_{21} f_1 + \lambda_{22} f_2 + \ldots. + \lambda_{2m} f_m + e_2 \\
\ldots\ldots & \\
v_k &= \tau_k + \lambda_{k1} f_1 + \lambda_{k2} f_2 + \ldots. + \lambda_{km} f_m + e_m
\end{aligned}
\tag{4.7}
$$

y la matricial:

$$\mathbf{v} = \boldsymbol{\tau} + \boldsymbol{\Lambda}\mathbf{f} + \mathbf{e} \tag{4.8}$$

$$
\begin{pmatrix} v_1 \\ v_2 \\ \vdots \\ v_k \end{pmatrix} = \begin{pmatrix} \tau_1 \\ \tau_2 \\ \vdots \\ \tau_k \end{pmatrix} \begin{pmatrix} \lambda_{11} & \lambda_{12} & \ldots & \lambda_{1m} \\ \lambda_{21} & \lambda_{22} & \ldots & \lambda_{2m} \\ \vdots & \vdots & \ddots & \vdots \\ \lambda_{k1} & \lambda_{k2} & \ldots & \lambda_{km} \end{pmatrix} \begin{pmatrix} f_1 \\ f_2 \\ \vdots \\ f_m \end{pmatrix} + \begin{pmatrix} e_1 \\ e_2 \\ \vdots \\ e_k \end{pmatrix} \tag{4.9}
$$

con:

$$
COV(\mathbf{e}) = \boldsymbol{\Theta} = \begin{pmatrix} \theta_{11} & \theta_{21} & \ldots & \theta_{k1} \\ \theta_{21} & \theta_{22} & \ldots & \theta_{k2} \\ \vdots & \vdots & \ddots & \vdots \\ \theta_{k1} & \theta_{k2} & \ldots & \theta_{kk} \end{pmatrix} \tag{4.10}
$$

En un modelo sin errores de medida, la matriz $\boldsymbol{\Theta}$ sólo contiene ceros y, al ser necesario un único indicador de cada factor, la matriz $\boldsymbol{\Lambda}$ sólo contiene unos en la diagonal y ceros en el resto. En un modelo con dados centrados, $\boldsymbol{\tau}$ sólo contiene ceros.

4.2. Aplicación al ejemplo

Para nuestro ejemplo la ecuación de la parte estructural es:

$$
\begin{pmatrix} f_1 \\ f_2 \end{pmatrix} = \begin{pmatrix} \alpha_1 \\ \alpha_2 \end{pmatrix} + \begin{pmatrix} 0 & 0 \\ \beta_{21} & 0 \end{pmatrix} \begin{pmatrix} f_1 \\ f_2 \end{pmatrix} + \begin{pmatrix} f_{1c} \\ d_2 \end{pmatrix} \tag{4.11}
$$

donde f_{1c} no es más que el mismo f_1 expresado en desviaciones respecto a su media y d_2 es un verdadero término de perturbación. Las matrices de parámetros de la parte estructural quedan, pues, como:

$$\alpha = \begin{pmatrix} \alpha_1 \\ \alpha_2 \end{pmatrix} \tag{4.12}$$

$$\mathrm{B} = \begin{pmatrix} 0 & 0 \\ \beta_{21} & 0 \end{pmatrix} \tag{4.13}$$

$$COV(\mathbf{fd}) = \begin{pmatrix} \mathbf{\Phi} & 0 \\ 0 & \mathbf{\Psi} \end{pmatrix} = \begin{pmatrix} (\phi_{11}) & 0 \\ 0 & (\psi_{22}) \end{pmatrix} \tag{4.14}$$

o, siguiendo la notación LISREL al pie de la letra:

$$COV(\mathbf{fd}) = \mathbf{\Psi} = \begin{pmatrix} \psi_{11} & 0 \\ 0 & \psi_{22} \end{pmatrix} \tag{4.15}$$

La ecuación de la parte de medida es:

$$\begin{pmatrix} v_1 \\ v_2 \\ v_3 \\ v_4 \end{pmatrix} = \begin{pmatrix} 0 \\ \tau_2 \\ 0 \\ \tau_4 \end{pmatrix} + \begin{pmatrix} 1 & 0 \\ \lambda_{21} & 0 \\ 0 & 1 \\ 0 & \lambda_{42} \end{pmatrix} \begin{pmatrix} f_1 \\ f_2 \end{pmatrix} + \begin{pmatrix} e_1 \\ e_2 \\ e_3 \\ e_4 \end{pmatrix} \tag{4.16}$$

Las matrices de parámetros del modelo de medida quedan, pues, como:

$$\mathbf{\Lambda} = \begin{pmatrix} 1 & 0 \\ \lambda_{21} & 0 \\ 0 & 1 \\ 0 & \lambda_{42} \end{pmatrix} \tag{4.17}$$

$$\boldsymbol{\tau} = \begin{pmatrix} 0 \\ \tau_2 \\ 0 \\ \tau_4 \end{pmatrix} \tag{4.18}$$

$$\mathbf{\Theta} = \begin{pmatrix} \theta_{11} & 0 & 0 & 0 \\ 0 & \theta_{22} & 0 & 0 \\ 0 & 0 & \theta_{33} & 0 \\ 0 & 0 & 0 & \theta_{44} \end{pmatrix} \tag{4.19}$$

4.3. SINTAXIS Y RESULTADOS PARA EL EJEMPLO

Veamos ahora brevemente la construcción de un archivo de sintaxis LISREL en notación matricial equivalente al que construimos en notación SIMPLIS en la figura 3.3.

```
Modelo de valores materiales
DA NI=4 NO=1313
LA
val_din      val_pod      p_v_din      p_v_pod
CM
1.614
1.255        1.576
0.243        0.188        1.238
0.243        0.246        1.048        1.308
ME
2.619        2.604        2.519        2.475
SE
p_v_din      p_v_pod  val_din       val_pod/
MO NY=4 NE=2 BE=FU,FI PS=SY,FI LY=FU,FI TE=SY,FI  AL=FI TY=FI
LE
p_mater mater
FR BE 2 1
FR PS 1 1 PS 2 2
FR LY 2 1 LY 4 2
VA 1 LY 1 1 LY 3 2
FR TE 1 1 TE 2 2 TE 3 3 TE 4 4
FR TY 2 TY 4
FR AL 1 AL 2
OU ME=ML RS MI AD=OFF
```

FIGURA 4.1. *Archivo de sintaxis LISREL.*

Tras la línea de título viene:

1) Una línea de datos (DA), que indica el número de variables en el archivo o en la matriz de covarianzas (NI), que pue-

de o no coincidir con el número que finalmente formarán parte del modelo (ver línea SE), y el número de observaciones (NO).

2) A la línea de etiquetas (LA) le siguen los nombres de las variables en el mismo orden que en el archivo con un máximo de 8 caracteres sin espacios intermedios.
3) A la línea CM le siguen las covarianzas. Alternativamente, se podría indicar el nombre del archivo (CM FI=) donde se encuentren. Alternativamente, pueden facilitarse una matriz de correlaciones (KM) y un vector de desviaciones tipo (SD).
4) A la línea ME le siguen las medias. Alternativamente, se podría indicar el nombre del archivo (ME FI=) donde se encuentren.
5) A la línea SE sigue la selección de las variables que se utilizarán en el modelo con su orden. La primera será v_1, la segunda v_2, etc... Este orden será importante para los subíndices de los parámetros, que corresponden con filas y columnas de las matrices de parámetros. Recomendamos introducir los indicadores de las variables exógenas en primer lugar.
6) En la línea MO se define el tamaño del modelo, es decir, el número de variables observables (NY), latentes (NE), y se especifica la forma de las matrices de parámetros.

La denominación de las matrices y vectores de parámetros en LISREL es:

a) ALPHA = AL = $\boldsymbol{\alpha}$
b) BETA = BE = $\mathbf{B}$
c) PSI = PS = COV($\mathbf{f}$,$\mathbf{d}$)
d) LAMBDA-Y = LY = $\boldsymbol{\Lambda}$
e) TAU-Y = TY = $\boldsymbol{\tau}$
f) THETA-EPS = TE = $\boldsymbol{\Theta}$

El usuario debe clasificar estas matrices según su forma en:

a) FU: matriz completa
b) SY: matriz simétrica. Sólo se considera el triángulo inferior izquierdo y la diagonal. Se puede usar para $\boldsymbol{\Theta}$ y COV($\mathbf{f}$,$\mathbf{d}$).
c) DI: Matriz diagonal. Se usa a veces para $\boldsymbol{\Theta}$ si no hay ninguna correlación entre errores.

d) Para los vectores (α y τ) no hace falta ninguna notación especial.

y según el carácter fijo o libre de sus elementos en:

a) FI: por defecto, todos sus elementos se restringen a cero (el usuario puede liberar elementos concretos).
b) FR: por defecto, todos sus elementos se definen como parámetros libres para ser estimados (el usuario puede fijar elementos concretos).
c) ZE: con todos los parámetros iguales a cero (matriz inexistente en el modelo). Así, por ejemplo, se indica BE=ZE para un análisis factorial, TE=ZE si no hay errores de medición, y AL=ZE, TY=ZE para modelos de estructura de covarianzas (aunque LISREL lo asume por defecto si sólo las covarianzas muestrales son facilitadas por el usuario).

las restantes líneas son:

7) LE, seguida de las etiquetas de las variables latentes.
8) FR indicará los parámetros libres en una matriz fija. La lista de parámetros se especifica por el nombre de la matriz seguido de sus dos subíndices o por el nombre del vector seguido de su único subíndice. Así, BE 2 1 equivale a β_{21}, y AL 1 equivale a α_1.
9) FI indicará los parámetros fijos en una matriz libre, con sintaxis idéntica a la de las líneas FR.
10) VA, indicará los valores a los que se restringen los parámetros fijos (de otro modo, se asume que todos los parámetros fijos son cero). Por ejemplo, VA 1 LY 2 1 equivale a $\lambda_{21}=1$.
11) ST indicaría los valores de partida para los parámetros libres con los que se inicia el proceso iterativo de estimación. En general, LISREL es capaz de facilitar valores iniciales razonables y por ello la figura 4.1 no incluye esta sentencia. En modelos más complejos o con muestras más pequeñas pueden producirse problemas de no convergencia, que a veces se solucionan cambiando los valores iniciales. La sintaxis funciona igual que la de las líneas VA, es decir, un valor, seguido de una lista de parámetros.

No está restringido el número ni el orden de líneas FR, FI, VA y ST, que pueden contener cualquier número de parámetros, de la misma o distintas matrices. En una misma línea VA sólo pueden haber parámetros restringidos a un mismo valor, y en una misma línea ST, sólo aquellos con un mismo valor inicial.

Por último:

12) La línea OU equivale a la línea *options* de SIMPLIS.

Más de un archivo de comandos puede conducir a idénticos resultados. En la primera versión (figura 4.1), definimos todas las matrices como fijas y liberamos los parámetros uno a uno. En esta segunda versión (figura 4.2), definimos Θ como diagonal y definimos como libres las matrices que contienen mayoría de parámetros libres, a fin de economizar espacio. En este caso empleamos también líneas FI.

```
Modelo de valores materiales
DA NI=4 NO=1313
LA
val_din     val_pod     p_v_din     p_v_pod
CM
1.614
1.255       1.576
0.243       0.188       1.238
0.243       0.246       1.048       1.308
ME
2.619       2.604       2.519       2.475
SE
p_v_din     p_v_pod  val_din      val_pod/
MO NY=4 NE=2 BE=FU,FI PS=SY,FR LY=FU,FI TE=DI,FR  AL=FR TY=FR
LE
p_mater mater
FR BE 2 1
FI PS 2 1
FR LY 2 1 LY 4 2
VA 1 LY 1 1 LY 3 2
FI TY 1 TY 3
OU ME=ML RS MI AD=OFF
```

FIGURA 4.2. *Archivo de sintaxis LISREL alternativo.*

Para ejecutar una sintaxis LISREL se hace de idéntico modo que para una sintaxis SIMPLIS (con el icono por ejemplo). Mostramos sólo partes seleccionadas del archivo de resultados, puesto que los índices de bondad del ajuste y los residuos coinciden con los obtenidos con SIMPLIS.

El archivo de resultados LISREL contiene, en primer lugar, información sobre el modelo, número de variables observables (y), latentes (eta), observaciones, etc. A continuación, proporciona un recuento de los parámetros libres, matriz por matriz. Conviene repasarlo para comprobar que el modelo se haya especificado correctamente.

Las estimaciones, errores estándar, estadísticos t e índices de modificación, son obviamente los mismos que con SIMPLIS, pero dispuestos matricialmente. El lector puede comparar las figuras 4.3 y 3.4, y encontrará en ambas los mismos resultados.

```
Modelo de valores materiales

                           Number of Input Variables  4
                           Number of Y - Variables    4
                           Number of X - Variables    0
                           Number of ETA - Variables  2
                           Number of KSI - Variables  0
                           Number of Observations  1313

Modelo de valores materiales

      Covariance Matrix

             p_v_din    p_v_pod    val_din    val_pod
            --------   --------   --------   --------
 p_v_din        1.24
 p_v_pod        1.05       1.31
 val_din        0.24       0.24       1.61
 val_pod        0.19       0.25       1.25       1.58

      Means

             p_v_din    p_v_pod    val_din    val_pod
            --------   --------   --------   --------
                2.52       2.48       2.62       2.60
```

```
Modelo de valores materiales

Parameter Specifications

         LAMBDA-Y

               p_mater        mater
              --------     --------
 p_v_din             0            0
 p_v_pod             1            0
 val_din             0            0
 val_pod             0            2

         BETA

               p_mater        mater
              --------     --------
 p_mater             0            0
   mater             3            0

         PSI

               p_mater        mater
              --------     --------
                     4            5

         THETA-EPS

               p_v_din      p_v_pod      val_din      val_pod
              --------     --------     --------     --------
                     6            7            8            9

         TAU-Y

               p_v_din      p_v_pod      val_din      val_pod
              --------     --------     --------     --------
                     0           10            0           11

         ALPHA

               p_mater        mater
              --------     --------
                    12           13
```

```
Modelo de valores materiales

Number of Iterations = 83

LISREL Estimates (Maximum Likelihood)

        LAMBDA-Y

               p_mater       mater
              --------    --------
 p_v_din        1.00          - -

 p_v_pod        1.10          - -
              (0.11)
               10.42

 val_din        - -          1.00

 val_pod        - -          0.93
                            (0.10)
                             9.44

        BETA

               p_mater       mater
              --------    --------
 p_mater        - -          - -

   mater        0.24         - -
              (0.04)
                6.33

        Covariance Matrix of ETA

               p_mater       mater
              --------    --------
 p_mater        0.95
   mater        0.23         1.34

        Mean Vector of Eta-Variables

               p_mater       mater
              --------    --------
                2.52         2.62
```

```
PSI
Note: This matrix is diagonal.

    p_mater        mater
   --------      --------
     0.95          1.29
    (0.10)        (0.15)
     9.39          8.68

Squared Multiple Correlations for Structural Equations

    p_mater        mater
   --------      --------
      - -          0.04

THETA-EPS

    p_v_din       p_v_pod       val_din       val_pod
   --------      --------      --------      --------
     0.29          0.15          0.27          0.40
    (0.09)        (0.11)        (0.14)        (0.12)
     3.15          1.42          1.92          3.28

Squared Multiple Correlations for Y - Variables

    p_v_din       p_v_pod       val_din       val_pod
   --------      --------      --------      --------
     0.77          0.88          0.83          0.74

TAU-Y

    p_v_din       p_v_pod       val_din       val_pod
   --------      --------      --------      --------
      - -         -0.30           - -          0.16
                  (0.27)                      (0.26)
                  -1.11                        0.61

ALPHA

    p_mater        mater
   --------      --------
     2.52          2.02
    (0.03)        (0.10)
    82.00         19.91
```

```
No Non-Zero Modification Indices for LAMBDA-Y

No Non-Zero Modification Indices for BETA

No Non-Zero Modification Indices for PSI

        Modification Indices for THETA-EPS

             p_v_din    p_v_pod    val_din    val_pod
             --------   --------   --------   --------
 p_v_din       - -
 p_v_pod       - -        - -
 val_din     15.70      15.70        - -
 val_pod     15.70      15.70        - -        - -

        Expected Change for THETA-EPS

             p_v_din    p_v_pod    val_din    val_pod
             --------   --------   --------   --------
 p_v_din       - -
 p_v_pod       - -        - -
 val_din      0.06      -0.07        - -
 val_pod     -0.06       0.06        - -        - -

No Non-Zero Modification Indices for TAU-Y

No Non-Zero Modification Indices for ALPHA

Maximum Modification Index is   15.70 for Element ( 3, 1)
  of THETA-EPS
```

FIGURA 4.3. *Selección de resultados LISREL.*

5
RESTRICCIONES LINEALES Y NO LINEALES

5.1. RESTRICCIONES DE IGUALDAD

En determinados casos, tiene interés teórico contrastar la igualdad de dos o más parámetros. Por ejemplo, puede interesar saber si dos o más variables latentes tienen la misma media (parámetros α), o si tienen el mismo efecto (parámetros β) sobre una tercera, y si dos o más mediciones están expresadas en las mismas unidades (parámetros τ y λ iguales, ver por ejemplo Coenders y Saris, 2000a).

En esta situación, puede estimarse el modelo incluyendo la restricción de que dos o más parámetros son iguales. Esto resulta en un modelo con menos parámetros libres y por tanto con más grados de libertad, lo que puede ayudar a la eficiencia de la estimación y a la identificabilidad del modelo. El modelo con la restricción se puede comparar con el modelo sin ella evaluando el cambio en la χ^2, para contrastar estadísticamente la hipótesis nula de que la restricción es correcta. Los índices de modificación asociados a restricciones de igualdad de un parámetro también pueden utilizarse con este fin. Si la igualdad sólo incumbe a dos parámetros, el cambio en la χ^2 y el índice de modificación refieren el mismo contraste. Si más de dos parámetros están involucrados, el cambio en la χ^2 contrasta conjuntamente la igualdad de todos los parámetros que se han considerado iguales y los índices de modificación la igualdad de cada uno de ellos con los restantes. Valores altos del cambio en la χ^2 o de los índices de modificación llevan a rechazar la restricción de igualdad.

El caso más habitual de restricciones de igualdad lo constituye el ajuste del mismo modelo a más de una muestra. En este caso tiene mucho sentido contrastar qué parámetros son invariantes entre muestras. Dedicamos a ello el capítulo 7.

5.2. SINTAXIS Y RESULTADOS PARA EL EJEMPLO

En el modelo del capítulo 3, podemos introducir, por ejemplo, la restricción que las varianzas de error de ambos indicadores de los valores materiales son idénticas (igual precisión de la medición). Si la introducimos, tanto para padres como para hijos, se traduce en las dos restricciones siguientes:

$$\begin{aligned} \theta_{11} &= \theta_{22} \\ \theta_{33} &= \theta_{44} \end{aligned} \tag{5.1}$$

En este caso, nos referimos a dos restricciones que involucran cada una de ellas dos parámetros. El modelo resultante ganará dos grados de libertad (una manera sencilla de anticiparlo es contando el número de signos "=" de las restricciones introducidas).

En la sintaxis LISREL, una línea EQ viene seguida por dos o más parámetros que se suponen iguales, tal como se muestra en la figura 5.1. Los cambios con respecto a la figura 4.1. se destacan en negrita.

```
Modelo de valores materiales. Varianzas de error iguales
DA NI=4 NO=1313
LA
val_din     val_pod     p_v_din     p_v_pod
CM
1.614
1.255       1.576
0.243       0.188       1.238
0.243       0.246       1.048       1.308
ME
2.619       2.604       2.519       2.475
SE
p_v_din     p_v_pod  val_din     val_pod/
MO NY=4 NE=2 BE=FU,FI PS=SY,FI LY=FU,FI TE=SY,FI  AL=FI TY=FI
LE
p_mater mater
FR BE 2 1
FR PS 1 1 PS 2 2
FR LY 2 1 LY 4 2
VA 1 LY 1 1 LY 3 2
FR TE 1 1 TE 2 2 TE 3 3 TE 4 4
FR TY 2 TY 4
FR AL 1 AL 2
EQ TE 1 1 TE 2 2
EQ TE 3 3 TE 4 4
OU ME=ML RS SC AD=OFF
```

FIGURA 5.1. *Archivo de sintaxis LISREL con igualdad de varianzas de error.*

```
Parameter Specifications

         LAMBDA-Y

              p_mater      mater
             --------   --------
 p_v_din            0          0
 p_v_pod            1          0
 val_din            0          0
 val_pod            0          2


         BETA

              p_mater      mater
             --------   --------
 p_mater            0          0
   mater            3          0


         PSI

              p_mater      mater
             --------   --------
                    4          5


         THETA-EPS

              p_v_din    p_v_pod    val_din    val_pod
             --------   --------   --------   --------
                    6          6          7          7


         TAU-Y

              p_v_din    p_v_pod    val_din    val_pod
             --------   --------   --------   --------
                    0          8          0          9


         ALPHA

              p_mater      mater
             --------   --------
                   10         11
```

```
LISREL Estimates (Maximum Likelihood)

        LAMBDA-Y

               p_mater      mater
              --------   --------
p_v_din         1.00        - -

p_v_pod         1.03        - -
               (0.02)
               52.60

val_din         - -         1.00

val_pod         - -         0.98
                           (0.02)
                           46.20

        BETA

               p_mater      mater
              --------   --------
p_mater         - -         - -

  mater         0.23        - -
               (0.03)
                6.56

        PSI
        Note: This matrix is diagonal.

               p_mater      mater
              --------   --------
                1.01        1.22
               (0.05)      (0.06)
               20.98       20.06

        Squared Multiple Correlations for Structural Equations

               p_mater      mater
              --------   --------
                - -         0.04

        THETA-EPS

               p_v_din    p_v_pod    val_din    val_pod
              --------   --------   --------   --------
                0.22       0.22       0.34       0.34
               (0.01)     (0.01)     (0.01)     (0.01)
               25.61      25.61      25.61      25.61
```

```
Squared Multiple Correlations for Y - Variables

   p_v_din    p_v_pod    val_din    val_pod
  --------   --------   --------   --------
     0.82       0.83       0.79       0.78

TAU-Y

   p_v_din    p_v_pod    val_din    val_pod
  --------   --------   --------   --------
      - -      -0.13        - -       0.03
              (0.05)                (0.06)
               -2.46                  0.43

ALPHA

   p_mater      mater
  --------   --------
      2.52       2.05
    (0.03)     (0.09)
     82.02      22.02

                Goodness of Fit Statistics

                  Degrees of Freedom = 3
     Minimum Fit Function Chi-Square = 16.91 (P = 0.00074)
Normal Theory Weighted Least Squares Chi-Square = 16.85 (P = 0.00076)
        Estimated Non-centrality Parameter (NCP) = 13.85
    90 Percent Confidence Interval for NCP = (4.50 ; 30.68)
```

FIGURA 5.2. *Fragmento de resultados LISREL con igualdad de varianzas de error.*

El estadístico de cambio en la χ^2 es $16{,}91 - 15{,}80 = 1{,}11$ (ver figuras 5.2 y 3.4), con dos grados de libertad $(3-1)$; claramente conduce al no rechazo de las dos restricciones introducidas. Obsérvese cómo en el recuento de parámetros el programa ya considera a ambos parámetros iguales (se resalta en negrita en el archivo de resultados de la figura 5.2). Los parámetros iguales tienen asimismo idénticas estimaciones, errores estándar y estadísticos t.

Este tipo de restricciones se puede introducir también en sintaxis SIMPLIS. Los cambios con respecto a la figura 3.3. se destacan en negrita.

```
Modelo de valores materiales. Varianzas de error iguales
observed variables:
val_din     val_pod      p_v_din      p_v_pod
Covariance Matrix
 1.614
 1.255       1.576
 0.243       0.188        1.238
 0.243       0.246        1.048        1.308
means
 2.619       2.604        2.519        2.475
sample size:  1313
latent variables
p_mater mater
relationships:
val_din=1*mater
val_pod=const mater
p_v_din=1*p_mater
p_v_pod=const p_mater
mater = const p_mater
p_mater = const
let the error variances of val_din and val_pod be equal
let the error variances of p_v_din and p_v_pod be equal
options: me=ml rs sc ad=off
end of problem
```

FIGURA 5.3. *Archivo de sintaxis SIMPLIS con igualdad de varianzas de error.*

5.3. RESTRICCIONES GENERALES

También es posible contrastar la restricción de que un parámetro es igual a una función lineal o no lineal de otros parámetros. Esta opción está disponible solamente con sintaxis LISREL.

Veamos, por ejemplo, cómo contrastar la igualdad de calidad de medición de ambos indicadores. La calidad de medición del padre para la primera variable observable es el porcentaje de varianza explicada por la variable latente, que es una función de varios parámetros (ver ecuación 3.6).

$$\kappa_1 = \frac{\text{var}(f_1)}{\text{var}(v_1)} = \frac{\phi_{11}}{\phi_{11} + \theta_{11}} \tag{5.2}$$

Para la segunda variable observable es:

$$\kappa_2 = \frac{\lambda_{21}^2 \text{var}(f_1)}{\text{var}(v_2)} = \frac{\lambda_{21}^2 \phi_{11}}{\lambda_{21}^2 \phi_{11} + \theta_{22}} \tag{5.3}$$

Si las calidades de medición fuesen iguales, también lo serían los ratios de varianza de error sobre verdadera varianza:

$$\frac{\theta_{11}}{\phi_{11}} = \frac{\theta_{22}}{\lambda_{21}^2 \phi_{11}} \tag{5.4}$$

LISREL admite las restricciones expresadas, de modo que uno cualquiera de los parámetros involucrados sea una suma de productos de parámetros elevados a exponentes que pueden ser positivos o negativos, con lo que la expresión anterior puede escribirse como:

$$\theta_{22} = \theta_{11} \lambda_{21}^2 \tag{5.5}$$

En la sintaxis debe introducirse esta línea:

```
CO TE(2,2)=TE(1,1)*LY(2,1)**2
```

donde "**" es el signo de exponenciación. Los subíndices de los parámetros deben incluirse entre paréntesis y separados por comas.

Para el caso de los hijos, las calidades de medición son:

$$\kappa_3 = \frac{\text{var}(f_2)}{\text{var}(v_3)} = \frac{\phi_{11}\beta_{21}^2 + \psi_{22}}{\phi_{11}\beta_{21}^2 + \psi_{22} + \theta_{33}} \tag{5.6}$$

$$\kappa_4 = \frac{\lambda_{42}^2 \text{var}(f_2)}{\text{var}(v_4)} = \frac{\lambda_{42}^2 \left(\phi_{11}\beta_{21}^2 + \psi_{22}\right)}{\lambda_{42}^2 \left(\phi_{11}\beta_{21}^2 + \psi_{22}\right) + \theta_{44}} \tag{5.7}$$

y siguiendo los mismos pasos anteriores llegamos a:

$$\frac{\theta_{33}}{\phi_{11}\beta_{21}^2 + \psi_{22}} = \frac{\theta_{44}}{\lambda_{42}^2 \left(\phi_{11}\beta_{21}^2 + \psi_{22}\right)} \tag{5.8}$$

con lo que:

$$\theta_{44} = \theta_{33}\lambda_{42}^{2} \tag{5.9}$$

y la línea de sintaxis es:

```
CO TE(4,4)=TE(3,3)*LY(4,2)**2
```

La estimación con restricciones no es distinta de la estimación ordinaria. La estructura de medias y covarianzas ya incorpora las restricciones, y a partir de aquí la estimación supone minimizar la función de ajuste habitual (ver las restricciones de σ_{22} y σ_{44} en la ecuación 5.10 y comparar con la 3.6).

$$\left|\begin{array}{l}
\sigma_{11} = \phi_{11} + \theta_{11} \\
\sigma_{21} = \phi_{11}\lambda_{21} \\
\sigma_{22} = \phi_{11}\lambda_{21}^{2} + \theta_{11}\lambda_{21}^{2} \\
\sigma_{31} = \phi_{11}\beta_{21} \\
\sigma_{32} = \phi_{11}\beta_{21}\lambda_{21} \\
\sigma_{33} = \left(\phi_{11}\beta_{21}^{2} + \psi_{22}\right) + \theta_{33} \\
\sigma_{41} = \phi_{11}\beta_{21}\lambda_{42} \\
\sigma_{42} = \phi_{11}\beta_{21}\lambda_{42}\lambda_{21} \\
\sigma_{43} = \left(\phi_{11}\beta_{21}^{2} + \psi_{22}\right)\lambda_{42} \\
\sigma_{44} = \left(\phi_{11}\beta_{21}^{2} + \psi_{22}\right)\lambda_{42}^{2} + \theta_{33}\lambda_{42}^{2} \\
E(v_1) = E(f_1) = \alpha_1 \\
E(v_2) = \tau_2 + \lambda_{21}E(f_1) = \tau_2 + \lambda_{21}\alpha_1 \\
E(v_3) = E(f_2) = \alpha_2 + \beta_{21}E(f_1) = \alpha_2 + \beta_{21}\alpha_1 \\
E(v_4) = \tau_4 + \lambda_{42}E(f_2) = \tau_4 + \lambda_{42}(\alpha_2 + \beta_{21}\alpha_1)
\end{array}\right. \tag{5.10}$$

Una restricción no lineal también aumenta el número de grados de libertad del modelo y puede contrastarse por medio del cambio en la χ^2. Otros ejemplos de restricciones no lineales pueden encontrarse en Coenders y Saris (1998, 2000b); Batista-Foguet, Coenders y Saris (2004) y Coenders, Batista-Foguet y Satorra (1995).

5.4. Sintaxis y resultados para el ejemplo

La sintaxis se encuentra en la figura 5.4. Los cambios con respecto a la figura 5.1. se resaltan en negrita.

```
Modelo de valores materiales. Calidades de medición iguales
DA NI=4 NO=1313
LA
val_din     val_pod     p_v_din     p_v_pod
CM
1.614
1.255       1.576
0.243       0.188       1.238
0.243       0.246       1.048       1.308
ME
2.619       2.604       2.519       2.475
SE
p_v_din     p_v_pod  val_din      val_pod/
MO NY=4 NE=2 BE=FU,FI PS=SY,FI LY=FU,FI TE=SY,FI  AL=FI TY=FI
LE
p_mater mater
FR BE 2 1
FR PS 1 1 PS 2 2
FR LY 2 1 LY 4 2
VA 1 LY 1 1 LY 3 2
FR TE 1 1 TE 2 2 TE 3 3 TE 4 4
FR TY 2 TY 4
FR AL 1 AL 2
CO TE(2,2)=TE(1,1)*LY(2,1)**2
CO TE(4,4)=TE(3,3)*LY(4,2)**2
OU ME=ML RS MI AD=OFF
```

Figura 5.4. *Archivo de sintaxis LISREL con igualdad de calidad de medición.*

El archivo de resultados (figura 5.5) muestra los parámetros restringidos como tales en el recuento. Obsérvese cómo los porcentajes de varianza explicada (squared multiple correlations) por cada variable latente coinciden ahora para sus dos indicadores. El estadístico de cambio en la χ^2 con respecto al modelo sin restricciones de la figura 3.4 (g.l. = 2) es 17,10 – 15,80 = 1,30, y claramente conduce al no rechazo de las dos restricciones introducidas. Es decir, ganamos grados de libertad sin aumentar el desajuste. Por lo tanto los datos son coherentes con la hipótesis que la calidad de medida de ambos indicadores es idéntica.

```
Parameter Specifications

         LAMBDA-Y

               p_mater      mater
              --------   --------
p_v_din             0          0
p_v_pod             1          0
val_din             0          0
val_pod             0          2

         BETA

               p_mater      mater
              --------   --------
p_mater             0          0
  mater             3          0

         PSI

               p_mater      mater
              --------   --------
                    4          5

         THETA-EPS

               p_v_din    p_v_pod    val_din    val_pod
              --------   --------   --------   --------
                    6   Constr'd          7   Constr'd

         TAU-Y

               p_v_din    p_v_pod    val_din    val_pod
              --------   --------   --------   --------
                    0          8          0          9

         ALPHA

               p_mater      mater
              --------   --------
                   10         11
```

```
LISREL Estimates (Maximum Likelihood)

         LAMBDA-Y

                 p_mater       mater
                --------    --------
 p_v_din          1.00         - -

 p_v_pod          1.03         - -
                 (0.02)
                 63.87

 val_din          - -         1.00

 val_pod          - -         0.99
                             (0.02)
                             58.71

         BETA

                 p_mater       mater
                --------    --------
 p_mater          - -          - -

   mater          0.22         - -
                 (0.03)
                  6.55

         PSI
         Note: This matrix is diagonal.

                 p_mater       mater
                --------    --------
                  1.02         1.22
                 (0.05)       (0.06)
                 21.66        20.76

         Squared Multiple Correlations for Structural Equations

                 p_mater       mater
                --------    --------
                  - -          0.04

         THETA-EPS

                 p_v_din     p_v_pod     val_din     val_pod
                --------    --------    --------    --------
                  0.22         0.23        0.34        0.34
                 (0.01)       (0.01)      (0.01)      (0.01)
                 23.77        23.77       23.48       23.48
```

```
        Squared Multiple Correlations for Y - Variables

           p_v_din     p_v_pod     val_din     val_pod
          --------    --------    --------    --------
              0.82        0.82        0.79        0.79

        TAU-Y

           p_v_din     p_v_pod     val_din     val_pod
          --------    --------    --------    --------
               - -       -0.11         - -        0.02
                        (0.04)                  (0.05)
                         -2.54                    0.31

        ALPHA

           p_mater       mater
          --------    --------
              2.52        2.06
            (0.03)      (0.09)
             81.99       22.20

                       Goodness of Fit Statistics

                         Degrees of Freedom = 3
          Minimum Fit Function Chi-Square = 17.10 (P = 0.00068)
  Normal Theory Weighted Least Squares Chi-Square = 17.02 (P = 0.00070)
           Estimated Non-centrality Parameter (NCP) = 14.02
       90 Percent Confidence Interval for NCP = (4.60 ; 30.92)
```

FIGURA 5.5. *Fragmento de resultados LISREL con igualdad de calidades de medición.*

6

DATOS AUSENTES

6.1. Procesos de generación de datos ausentes

Si el valor de alguna variable no está disponible para algún individuo, nos encontramos con un problema de datos ausentes o que faltan ("missing values"). Nos referimos, por tanto, a la no respuesta a ítems concretos. La no respuesta a la totalidad del cuestionario es un fenómeno distinto tanto por sus causas, sus consecuencias, su prevención y su tratamiento y no nos ocupamos de él aquí. Los datos pueden faltar debido a gran número de procesos que condicionarán su tratamiento (ver Little y Rubin, 1987):

1) Se dice que los datos *faltan completamente al azar*, cuando su ausencia o presencia es independiente de cualquier característica de los individuos y por tanto es impredecible. Si este supuesto se cumple, son suficientes tratamientos muy rudimentarios de los datos ausentes, pero esto ocurre muy raramente. Por ejemplo, la no respuesta a una pregunta sobre ingresos suele darse más para ingresos o bien muy altos o bien muy bajos, la no respuesta a preguntas difíciles suele concentrarse en individuos con bajo nivel de estudios, etc. En cualquier caso, puede contrastarse, si los datos faltan completamente al azar, creando variables binarias que definen la ausencia o presencia del dato para cada una de las variables. Si las medias de cualquier variable son significativamente diferentes para los grupos ausente/presente de cualquier otra variable, se debe rechazar el supuesto que los datos falten totalmente al azar. El lector adivinará que esto es lo que ocurre casi siempre. De hecho, los raros ejemplos en los que este supuesto es razonable, responden a lo que se conoce como datos ausentes por diseño. En este caso, el diseño del estudio implica la partición de la muestra al azar en subgrupos

a los que se administran determinadas partes del cuestionario. Estos diseños suelen aplicarse para reducir la tarea de respuesta en cuestionarios largos, complejos o repetitivos, o para experimentar con distintas formulaciones de una misma pregunta (e.g. Kogovšek, Ferligoj, Coenders y Saris, 2002; Saris, Satorra y Coenders, 2004; Schuman y Presser, 1981).

2) Los datos *faltan al azar* cuando la ausencia o no de un dato es independiente del valor de la propia variable en que falta, pero puede depender de las restantes variables. Si este supuesto se cumple, el tratamiento de los datos ausentes es posible, pero requiere métodos más sofisticados. De los dos ejemplos anteriores, el supuesto se cumpliría para las preguntas difíciles pero no para la renta, porque el hecho de responder o no a la renta depende de la propia renta. Más formalmente, los datos faltan al azar cuando el hecho de faltar es independiente de la distribución de la variable que falta condicionada a las variables que no. Es decir, basta con que el hecho de que el dato falte sea predecible a partir de las variables observadas (que no faltan) para el individuo.

3) Los datos *faltan no al azar* cuando la ausencia o no de un dato depende del valor de la propia variable que falta. Esta situación se llama también *falta de datos no ignorable.* En este caso, no hay ningún método de tratamiento correcto. Desgraciadamente, no existe ningún contraste que pueda distinguir entre datos que faltan al azar y no al azar. Eso sí, la intuición nos dice que cuanto mayor sea el número total de variables, mayores serán las posibilidades de que la ausencia o no del dato dependa de variables en las que no falte, con lo que la situación se aproximará a la de datos que faltan al azar.

6.2. Métodos para el tratamiento de datos ausentes en modelos de ecuaciones estructurales

Los valores ausentes se han venido tratando de diferentes maneras en el contexto de los modelos de ecuaciones estructurales.

1) La eliminación completa del caso ("*Listwise*") ignora completamente a los individuos que no dieron respuesta en al-

guna variable, con lo que puede llegar a despreciar una gran cantidad de datos, sobretodo cuando el número de variables es grande. Como resultado, es un método ineficiente, que lleva a contrastes poco potentes y errores estándar elevados. Además, sólo es insesgado cuando los datos faltan completamente al azar (Enders, 2001; Enders y Bandalos, 2001).

2) La eliminación por parejas ("*Pairwise*"), usa todos los individuos que tienen ambas variables disponibles al calcular cada covarianza. Es un método más eficiente (no desecha información útil), pero puede adolecer de problemas de cálculo: como cada covarianza se calcula sobre un conjunto diferente de individuos, puede haber "incoherencias" en la matriz que podría dejar de ser definida positiva y, aun tratándose de un problema poco frecuente, imposibilitaría la estimación. Mucho más serios son los inconvenientes que siguen. Este método no permite calcular matrices de momentos de cuarto orden, con lo que los métodos robustos frente a desviaciones de la normalidad no están disponibles. El método sólo es insesgado si los datos faltan completamente al azar. Por último, sus errores estándar y estadísticos de contraste no son nunca correctos; para empezar no está claro qué tamaño de muestra debe indicarse al programa (Enders, 2001; Enders y Bandalos, 2001).

3) La sustitución por la media reemplaza el valor ausente por la media de la variable para todos los individuos en que la variable está presente. Este método sesga las varianzas y las covarianzas (y con ellas los parámetros del modelo), incluso cuando los datos faltan completamente al azar (Enders, 2001; Graham, Hofer y MacKinnon, 1996; Graham, Hofer y Piccinin, 1994; O'Loughlin y Coenders, 2004), y por lo tanto no debe utilizarse nunca.

4) Los métodos de imputación tratan de predecir los datos ausentes a partir de las variables presentes para el individuo. Los métodos de imputación más sencillos y también más habituales son (Little y Rubin, 1987):

   a) *Regresión*: para cada variable con valores ausentes se ajusta un modelo de regresión con las restantes variables como predictoras. Los valores previstos por este modelo sustituyen a los ausentes.

b) *Donación (hot deck)*: El valor ausente se substituye por el de otro individuo que tome valores muy parecidos en las variables en las que sí tenga valores (el donante). PRELIS tiene un método de estas características.

Los métodos de imputación están justificados si los datos faltan al azar, y funcionarán mejor cuanto más correlacionadas estén las variables con valores ausentes y las predictoras. No obstante, estos métodos tienden a aumentar las correlaciones porque los valores imputados ajustan perfectamente las relaciones, cosa que no ocurre con los datos originales. Para evitarlo, en el caso de regresión, se puede añadir al valor imputado un error aleatorio con desviación típica igual a la del modelo de regresión y en el caso de donación, se puede escoger el donante al azar. Por último, los métodos de imputación tienden a subestimar los errores estándar, porque tratan como conocidos datos inciertos. Si se repite la imputación varias veces, en lo que se denomina imputación múltiple (Rubin, 1987), puede corregirse este último problema.

5) El método de esperanza-maximización (EM, Little y Rubin, 1987) implica la estimación de la matriz de covarianzas con datos ausentes por máxima verosimilitud empleando el algoritmo del mismo nombre. El modelo de ecuaciones estructurales se ajusta en una segunda etapa sobre esta matriz de covarianzas (Yuan y Bentler, 2000). En principio, la estimación de la matriz es consistente si los datos faltan al azar y están normalmente distribuidos. La estimación de los parámetros del modelo también será consistente, pero sus errores estándar son desconocidos (al igual que en la eliminación por parejas, no está claro cuál debe ser el tamaño de muestra que debe introducirse en el programa).
6) El método de máxima verosimilitud directa asume que los datos faltan al azar (Aburckle, 1996; Finkbeiner, 1979, Lee, 1986; Muthén, Kaplan y Hollis, 1987; Wothke, 2000), y al igual que el método EM, también se basa en la máxima verosimilitud con datos ausentes al azar, pero la estimación se hace en una sola etapa y los contrastes de hipótesis y los errores estándar son correctos. Este método está disponible en las últimas versiones de la mayor parte de los pro-

gramas comerciales de ecuaciones estructurales como Mx (Neale, Boker, Xie y Maes, 1999), EQS 6.0 (Bentler, 2000), AMOS 4.0 (Aburckle y Wothke, 1999), LISREL 8.54 (Jöreskog, Sörbom, du Toit y du Toit, 2000; du Toit y du Toit, 2001) y MPLUS 3 (Muthén y Muthén, 2004). Es consistente, eficiente y conduce a inferencias correctas si los datos están distribuidos normalmente y faltan al azar (Aburckle, 1996; Enders, 2001; Enders y Bandalos, 2001; Wothke, 2000).

7) La estimación, con múltiples grupos asumiendo que los datos faltan al azar (Allison, 1987; Kogovšek *et al.*, 2002; Saris, Satorra y Coenders, 2004), define grupos para cada uno de los posibles patrones de valores perdidos, es decir, grupos de individuos a los que falten y presenten datos exactamente en las mismas variables. Entonces se estima el mismo modelo para cada uno de los grupos con la restricción que *todos* los parámetros deben ser iguales entre grupos (ver capítulo 7). Si el estimador seleccionado es el máximo verosímil y el modelo incluye estructura de medias, los resultados son idénticos al caso anterior, pero este método permite seleccionar cualquier otro estimador. Este método sólo puede utilizarse cuando hay un reducido número de patrones de valores perdidos y es de ejecución un tanto laboriosa, con lo que se ha visto desplazado por el de máxima verosimilitud directa tan pronto como ha estado disponible.

Antes de aplicar cualquiera de estos métodos es recomendable eliminar individuos y variables con gran número de datos ausentes. Los primeros, porque pueden ser individuos que han respondido al cuestionario de forma descuidada. Las segundas, porque pueden ser variables difíciles de contestar o sin sentido para gran parte de la muestra.

Cuando los datos faltan no al azar, todos los métodos vistos están sesgados. Aún así, la máxima verosimilitud directa parece tener un sesgo menor (Muthén *et al.*, 1987). Collins, Schafer y Kam (2001) muestran que cuando los datos faltan no al azar, el sesgo se puede reducir añadiendo variables que, o bien estén correlacionadas con las variables que faltan, o bien ayuden a predecir el que un dato falte o no. Graham (2003) muestra que esta situación es también aplicable a los modelos de ecuaciones estructurales. Es de esperar, por tanto, que modelos con más variables estarán menos sujetos a sesgo. Se confirma así la intuición de la sección anterior, de que aumentar el número de variables puede aproximar una situación de datos que faltan no al azar a una situación de datos que faltan al azar.

6.3. Método de máxima verosimilitud directa con datos que faltan al azar

Proponemos, pues, que los datos ausentes en modelos de ecuaciones estructurales se traten, con carácter general, con el método de máxima verosimilitud directa con datos que faltan al azar. Vamos a ver este método con más detalle.

La estimación por máxima verosimilitud directa con datos ausentes al azar se basa en una lógica completamente diferente a la estimación de estructuras de covarianzas. De hecho, es una estimación máximo verosímil de tipo clásico, donde se maximiza la verosimilitud de la muestra de N observaciones como suma de los logaritmos de la función de densidad, desde $i=1$ hasta N. Por lo tanto, no se trata, como hasta ahora, de un ajuste entre una matriz de covarianzas observada y una ajustada por el modelo.

En el caso que el número de variables sea 1, la función de densidad normal univariante es la que podemos encontrar en cualquier libro de estadística:

$$f(v_i, \mu, \sigma^2) = \frac{1}{\sqrt{2\pi\sigma^2}} e^{-\frac{1}{2}(v_i-\mu)^2/\sigma^2} \tag{6.1}$$

cuyo logaritmo, omitiendo las constantes irrelevantes para la maximización es:

$$\ln f(v_i, \mu, \sigma^2) = -\frac{1}{2}\ln\sigma^2 - \frac{1}{2}(v_i-\mu)^2/\sigma^2 \tag{6.2}$$

En el caso multivariante, la función de densidad de una distribución normal depende del vector de esperanzas $\boldsymbol{\mu}$ y la matriz de varianzas y covarianzas $\boldsymbol{\Sigma}$. En el caso de un modelo de ecuaciones estructurales, ambos dependen de un vector de parámetros $\boldsymbol{\pi}$. Despreciando los términos constantes (irrelevantes para la maximización), su logaritmo es:

$$\ln f(\mathbf{v}_i, \boldsymbol{\mu}(\boldsymbol{\pi}), \boldsymbol{\Sigma}(\boldsymbol{\pi})) = -\frac{1}{2}\ln|\boldsymbol{\Sigma}(\boldsymbol{\pi})| - \frac{1}{2}(\mathbf{v}_i - \boldsymbol{\mu}(\boldsymbol{\pi}))' \boldsymbol{\Sigma}(\boldsymbol{\pi})^{-1}(\mathbf{v}_i - \boldsymbol{\mu}(\boldsymbol{\pi})) \tag{6.3}$$

donde $\mathbf{v}_i$ es el vector de valores de las k variables para el individuo i-ésimo, $(\mathbf{v}_i - \boldsymbol{\mu}(\boldsymbol{\pi}))'$ es el vector fila de valores centrados del individuo i-ésimo y $\ln f$ es el logaritmo de la función de densidad normal multivariante.

El logaritmo de la función de verosimilitud (L) que se maximiza para $\boldsymbol{\pi}$, no es más que la suma para las N observaciones muestrales del logaritmo de la función de densidad:

$$\ln L = \sum_{i=1}^{N} \ln f(\mathbf{v}_i, \boldsymbol{\mu}(\boldsymbol{\pi}), \boldsymbol{\Sigma}(\boldsymbol{\pi})) \tag{6.4}$$

De hecho, esta ecuación representa el caso particular de los datos completos, y conduce a estimaciones idénticas a las del estimador de máxima verosimilitud clásica, que minimiza las discrepancias entre la matriz de covarianzas observada y la ajustada por el modelo.

Para el caso de datos ausentes, se toman en consideración para cada individuo sólo aquellas variables en las que al individuo no le falta información. De este modo, se define:

1) $\mathbf{v}_i$ como el vector de valores de las k variables para el individuo i-ésimo una vez omitidos los valores ausentes, de modo que el orden de $\mathbf{v}_i$ es inferior o igual a k.
2) $\boldsymbol{\mu}_i$ como el vector de esperanzas del individuo i-ésimo, que selecciona sólo la parte del vector de esperanzas poblacionales $\boldsymbol{\mu}$ que corresponde a variables que son observadas (no faltan) para el individuo i-ésimo.
3) $\boldsymbol{\Sigma}_i$ como matriz de covarianzas del individuo i-ésimo, que selecciona sólo las filas y columnas de la matriz de covarianzas poblacional $\boldsymbol{\Sigma}$ que corresponden a variables que son observadas para el individuo i-ésimo.

y la función que se maximiza en la estimación es:

$$\ln L = \sum_{i=1}^{N} \left(-\frac{1}{2}\ln|\boldsymbol{\Sigma}_i(\boldsymbol{\pi})| - \frac{1}{2}(\mathbf{v}_i - \boldsymbol{\mu}_i(\boldsymbol{\pi}))' \boldsymbol{\Sigma}_i(\boldsymbol{\pi})^{-1}(\mathbf{v}_i - \boldsymbol{\mu}_i(\boldsymbol{\pi})) \right) \tag{6.5}$$

La presencia de $\mu_i(\pi)$ implica que, cuando existen datos ausentes, el modelo debe contener obligatoriamente una estructura de medias.

El método asume normalidad tanto para su consistencia como para estimar correctamente errores estándar y estadísticos de contraste. En lo que respecta a la consistencia, en el caso que los datos falten *completamente* al azar, ésta no se vería afectada por violaciones de normalidad. Cuando los datos faltan sólo al azar, los sesgos parecen ser de tamaño reducido (Enders, 2001). En lo que respecta a errores estándar, Arminger y Sobel (1990) desarrollaron errores estándar robustos frente a no normalidad, si bien parecen corregir el problema sólo en parte (Gold, Bentler y Kim, 2003). En lo que respecta a los estadísticos de contraste, el estadístico T_2^* de Yuan y Bentler (2000) es un sustituto robusto del estadístico χ^2 que parece comportarse correctamente (Enders, 2001). Estas opciones robustas no están disponibles en la versión actual de LISREL, pero el rápido progreso de los programas y su incorporación reciente por EQS y MPLUS hacen prever que esta situación no se prolongará y podría haberse solucionado cuando este libro llegue a sus manos.

6.4. Sintaxis y resultados para el ejemplo

Como excepción al funcionamiento habitual del programa, al usar el método de máxima verosimilitud directa con datos que faltan al azar, LISREL y no PRELIS es el encargado de leer la matriz de datos originales (individuos por variables). Esto es así porque la estimación se hace directamente sobre los datos y no sobre las covarianzas. Los datos deben estar en un archivo tipo ASCII o TXT, sólo con valores numéricos, puntos decimales (no comas) y espacios en blanco. Cada línea debe corresponder a un individuo y las distintas variables deben estar separadas por uno o más espacios en blanco (hay otras posibilidades pero son de mayor complejidad para el usuario).

En el archivo de comandos, la lista de variables incluye a todas las del archivo de datos, que son todas las del artículo de Coenders *et al.* (en prensa), no sólo las definidas en el capítulo 2. El número de observaciones en "sample size" es el tamaño total de la muestra (no el que queda tras la eliminación por lista). Justo antes del comando de tamaño de muestra debe indicarse con qué valor numérico están codificados los valores ausentes en "missing value code" (no pueden figurar como simples espacios en blanco en el archivo de datos), y a continuación el nombre del archivo. Los cambios con respecto a la figura 3.3. se muestran en negrita en la figura 6.1.

```
Valores materiales. Máxima verosimilitud con datos ausentes
observed variables:
val_int val_htec val_hper val_cord val_prof val_fam val_sen val_simp
val_din val_pod val_cmun val_ima
sat_glob
p_v_int p_v_htec p_v_hper p_v_cord p_v_prof p_v_fam p_v_sen p_v_simp
p_v_din p_v_pod p_v_cmun p_v_ima
missing value code 0
sample size: 3118
raw data from file cataloni.dat
latent variables
p_mater mater
relationships:
val_din=1*mater
val_pod=const mater
p_v_din=1*p_mater
p_v_pod=const p_mater
mater = const p_mater
p_mater = const
end of problem
```

FIGURA 6.1. *Archivo de sintaxis SIMPLIS para máxima verosimilitud directa con datos que faltan al azar.*

LISREL facilita menos medidas de la bondad del ajuste con este tipo de estimación, pero ninguna razón técnica impide calcular todas las medidas tradicionales, y de hecho otros programas sí las facilitan. En la versión actual del programa, los índices de modificación o contrastes de los multiplicadores de Lagrange parecen ser erróneos, circunstancia que se espera se solucione en ulteriores versiones.

Los resultados (figura 6.2) empiezan por la matriz de covarianzas calculada por el algoritmo EM de Little y Rubin que sólo se usa para el cálculo de las estimaciones iniciales en el proceso iterativo, y por lo tanto puede omitirse su examen.

```
              ------------------------------------
               EM Algorithm for missing Data:
              ------------------------------------

     Number of different missing-value patterns=       10
     Convergence of EM-algorithm in     8 iterations
     -2 Ln(L) =    25722.12842
     Percentage missing values=  25.31

  Note:
    The Covariances and/or Means to be analyzed are estimated
    by the EM procedure and are only used to obtain starting
    values for the FIML procedure

Sample Size = 3110

       Covariance Matrix

              val_din      val_pod      p_v_din      p_v_pod
             --------     --------     --------     --------
 val_din        1.73
 val_pod        1.36         1.71
 p_v_din        0.28         0.22         1.25
 p_v_pod        0.27         0.28         1.06         1.32

       Means

              val_din      val_pod      p_v_din      p_v_pod
             --------     --------     --------     --------
                2.68         2.66         2.53         2.49

Number of Iterations = 3

   LISREL Estimates (Maximum Likelihood)

       Measurement Equations

val_din = 1.00*mater, Errorvar.= 0.27 , R² = 0.84
                                (0.13)
                                 2.12

val_pod = 0.18  + 0.93*mater, Errorvar.= 0.45 , R² = 0.73
         (0.22)  (0.081)                (0.11)
          0.85   11.39                   4.13

p_v_din = 1.00*p_mater, Errorvar.= 0.26  , R² = 0.80
                                  (0.079)
                                   3.26
```

```
p_v_pod = - 0.20  + 1.06*p_mater, Errorvar.= 0.20  , R² = 0.85
          (0.22)  (0.085)                   (0.088)
          -0.92   12.51                      2.26

       Structural Equations

  mater = 2.00   + 0.27*p_mater, Errorvar.= 1.39 , R² = 0.049
        (0.091)  (0.035)                   (0.13)
        21.85     7.72                     10.67

       Variances of Independent Variables

           p_mater
          --------
             1.00
            (0.09)
            11.15

       Covariance Matrix of Latent Variables

             mater      p_mater
          --------    --------
   mater      1.46
 p_mater      0.27        1.00

       Mean Vector of Dependent Variables

             mater
          --------
             2.68

       Mean Vector of Independent Variables

           p_mater
          --------
             2.53
            (0.03)
            90.98

     Global Goodness of Fit Statistics, Missing Data Case

       -2ln(L) for the saturated model =       25722.128
       -2ln(L) for the fitted model    =       25742.050

                      Degrees of Freedom = 1
       Full Information ML Chi-Square = 19.92 (P = 0.00)
    Root Mean Square Error of Approximation (RMSEA) = 0.078
   90 Percent Confidence Interval for RMSEA = (0.051 ; 0.11)
      P-Value for Test of Close Fit (RMSEA < 0.05) = 0.047
```

FIGURA 6.2. *Resultados SIMPLIS para máxima verosimilitud directa con datos que faltan al azar.*

Obsérvese que las estimaciones varían con respecto a la eliminación por lista (figura 3.4), aunque no de modo sustancial, sí lo suficiente para que los cambios se tengan en cuenta. Asimismo, los errores estándar se han reducido, fruto de un mejor aprovechamiento de los datos al no desechar las observaciones incompletas.

Con la sintaxis matricial, el archivo de comandos quedaría como se muestra en la figura 6.3 (cambios con respecto a la Figura 4.1 en negrita):

```
Valores materiales. Máxima verosimilitud con datos ausentes
DA NI=25 NO=3118 MI=0
LA
val_int val_htec val_hper val_cord val_prof val_fam val_sen val_simp
val_din val_pod val_cmun val_ima
sat_glob
p_v_int p_v_htec p_v_hper p_v_cord p_v_prof p_v_fam p_v_sen p_v_simp
p_v_din p_v_pod p_v_cmun p_v_ima
RA FI=cataloni.dat
SE
p_v_din p_v_pod val_din val_pod/
MO NY=4 NE=2 BE=FU,FI PS=SY,FI LY=FU,FI TE=SY,FI  AL=FI TY=FI
LE
p_mater mater
FR BE 2 1
FR PS 1 1 PS 2 2
FR LY 2 1 LY 4 2
VA 1 LY 1 1 LY 3 2
FR TE 1 1 TE 2 2 TE 3 3 TE 4 4
FR TY 2 TY 4
FR AL 1 AL 2
OU
```

FIGURA 6.3. *Archivo de sintaxis LISREL para máxima verosimilitud directa con datos que faltan al azar.*

La lista de variables incluye a todas las del archivo de datos, 25 (lo que debe indicarse también en la línea DA). El número de observaciones es el tamaño total de la muestra (no el que quedaría tras la eliminación por lista), MI=0 indica la codificación como "0" de los datos ausentes. RA FI= indica el nombre de archivo con los datos originales. Omitimos los resultados.

7
MODELOS CON VARIOS GRUPOS. INVARIANZA FACTORIAL

7.1. Utilidad del análisis con varios grupos

Si la población, y por tanto la muestra, está dividida en grupos, uno podría a priori pensar en dos maneras de realizar el análisis, ambas, por cierto, poco efectivas:

1) Analizar un único archivo de datos, agregando todos los grupos. Esta estrategia asume implícitamente que todos los parámetros toman valores idénticos en todos los grupos, de modo que se renuncia a comparar los resultados por grupos.
2) Analizar cada grupo por separado con el mismo modelo. Esta estrategia asume implícitamente que todos los parámetros toman valores distintos en cada grupo, lo cual es contrario al principio de parquedad. Además, es una estrategia que en general impide contrastar la hipótesis de que determinados parámetros son constantes entre grupos. Primero porque estos contrastes deberían realizarse a mano a partir de combinaciones de errores estándar, en general complejas; y segundo porque, al no asumirse la igualdad de ciertos parámetros, como por ejemplo saturaciones, nada garantiza que las variables latentes tengan la misma composición o interpretación en los distintos grupos.

El análisis de un modelo de ecuaciones estructurales como modelo de múltiples grupos (Jöreskog, 1971a; Sörbom, 1974) permite superar todas las limitaciones mencionadas. El usuario puede decidir qué parámetros deben ser iguales y qué parámetros deben ser diferentes entre grupos, y las restricciones de igualdad entre grupos que se introduzcan pueden ser contrastadas formalmente por medio de estadísticos de cambio en la χ^2 o por medio de índices de modificación.

Los análisis con múltiples grupos constituyen un caso muy frecuente. En el ejemplo que nos ocupa, intentamos comparar dos países. También podríamos tener grupos definidos en función de sexo, estatus socioeconómico, ocupación o presencia o ausencia de determinada afección física o psíquica (e.g. Batista-Foguet, Coenders y Artés-Ferragud, 2001). En todos estos diseños quasi-experimentales, los grupos no están manipulados por el investigador. Obviamente, también es posible definir los grupos según condiciones experimentales (e.g. Bagozzi y Yi, 1989, 1994 y las referencias allí citadas; Kano, 2001) y utilizar los modelos de ecuaciones estructurales con un objetivo parecido al del modelo de análisis de la varianza multivariante. La ventaja de los modelos estructurales es que pueden especificar qué dimensiones miden las variables dependientes y contrastar directamente la igualdad de medias de las dimensiones latentes entre grupos, no las medias de las variables observables como hace el análisis de la varianza.

7.2. Invarianza factorial

La invarianza factorial, también llamada invarianza de medición, equivalencia factorial, equivalencia de medición y comparabilidad de constructos, se define como el hecho que los ítems del cuestionario y las dimensiones que éstos miden tienen el mismo significado para miembros de grupos distintos. Parece, pues, claro que la invarianza factorial es un requisito que debe cumplirse para poder comparar grupos. De otro modo, cualquier diferencia en la distribución de los factores entre grupos podría ser atribuible a que el significado de los factores es distinto (Meredith, 1993; Little, 1997). La invarianza factorial debe ser comprobada en cualquier análisis con múltiples grupos, pero es especialmente crítica en investigación intercultural como la de nuestro ejemplo, en la que existen motivos para pensar que determinadas actitudes u opiniones tengan estructuras diferentes, y en la que los distintos grupos reciben versiones traducidas del cuestionario (e.g. Reise, Widaman y Pugh, 1993; Steenkamp y Baumgartner, 1998). Varios requisitos deben cumplirse para que exista invarianza factorial:

1) Un primer requisito es *invarianza de configuración*, es decir, el que los individuos de los distintos grupos conceptualizen los constructos de la misma manera (Meredith, 1993; Riordan y Vandenberg, 1994). Su cumplimiento implica que en cada grupo el mismo modelo de análisis factorial confirmatorio (con los mismos ítems, factores y las mismas saturaciones libres) ajuste los datos. Suele empezarse ajustando un modelo a los datos combinados de todas las muestras, modelo que luego se contrasta en cada una de las muestras por separado. La invarianza de configuración puede no cumplirse si las culturas o las experiencias vividas por los grupos sobre el tema en cuestión son tan diferentes que el significado de los constructos es diferente (incluso podría ocurrir que el constructo no existiese como tal en un determinado grupo, ver Batista-Foguet y Saris, 1997), también puede no cumplirse por problemas de traducción del cuestionario o porque el significado de determinadas palabras en las preguntas, aún en el mismo idioma, puede ser entendido de distinto modo por individuos de distintos grupos con distinto nivel de formación, por ejemplo.
2) Un segundo requisito es la *invarianza métrica* que requiere, además del cumplimiento de la invarianza de configuración, que las saturaciones (parámetros λ) sean iguales entre grupos. Así, no sólo la composición de los factores debe ser constante, sino también el peso de cada variable en la constitución de cada factor. La invarianza métrica es un requisito para poder comparar entre grupos las varianzas y covarianzas de los factores (parámetros ϕ) así como coeficientes de regresión que relacionan factores (parámetros β). La invarianza métrica es difícil de cumplir en la práctica por más razones incluso que la invarianza de configuración (por ejemplo la distinta interpretación de las etiquetas de las categorías de respuesta de las preguntas bastaría para que no se cumpliera). Algunos argumentan (Byrne, Shavelson y Muthén, 1989) que si se cumple para una parte de los ítems ya es suficiente para anclar un significado común a los factores entre grupos. Es la llamada *invarianza factorial parcial.*
3) Un tercer requisito es la *invarianza factorial fuerte* (Meredith, 1993). Además de la invarianza métrica, la invarianza facto-

rial fuerte requiere que los términos constantes de las ecuaciones de medición (parámetros τ) sean iguales entre grupos. La invarianza factorial fuerte es un requisito para poder comparar las medias de los factores (parámetros α) entre grupos, pero bastaría que se cumpliese para una parte de los ítems de cada dimensión.

Una vez establecida la invarianza factorial por medio de modelos de análisis factorial confirmatorio, puede procederse a la introducción de restricciones en las medias de los factores entre grupos, si es que se desea contrastar su igualdad, o puede especificarse un modelo completo con parámetros de regresión relacionando los factores entre sí, que a su vez se pueden restringir entre grupos en caso que tuviese interés.

El contraste de las condiciones de invarianza métrica e invarianza factorial fuerte implica la comparación de modelos anidados con y sin las restricciones correspondientes. Por algún motivo inexplicable, este contraste se lleva normalmente a cabo empleando sólo el estadístico de cambio en la χ^2 e ignorando otras medidas de bondad del ajuste (e.g. Byrne *et al.*, 1989; Reise *et al.*, 1993; Steenkamp y Baumgartner, 1998). En cambio, en el caso de modelos con un único grupo, es conocido que los contrastes χ^2 pueden conducir al rechazo de hipótesis aproximadamente correctas en situaciones de elevada potencia, y el uso de medidas descriptivas de bondad de ajuste está ya plenamente establecido. Brannick (1995), Kelloway (1995) y Cheung y Rensvold (2002) advirtieron de la incoherencia de aplicar este doble rasero. Estos últimos autores, basados en resultados de una simulación a gran escala, mostraron que el índice del ajuste comparado (CFI) de Bentler (1990) era el más adecuado para establecer la invarianza factorial o su ausencia. Los autores sugirieron el cálculo de la diferencia de los CFI de ambos modelos anidados. Si al introducir las restricciones, el CFI disminuye en 0,01 o menos, se da por bueno el modelo restringido y por tanto el cumplimiento de la invarianza factorial. Desafortunadamente, este criterio sólo ha sido establecido por ahora para modelos de dos grupos, pero para más de dos queda siempre el recurso de hacer todas las comparaciones posibles dos a dos. El CFI todavía no está disponible en LISREL con máxima verosimilitud directa con datos ausentes.

7.3. Sintaxis y resultados para el ejemplo

Veamos los resultados para nuestro pequeño modelo. En una primera especificación, pensada para el contraste de la invarianza de configuración, queremos que todos los parámetros varíen libremente entre grupos. Si lo hacemos así, los resultados son idénticos al análisis de ambos grupos por separado, con la excepción que se obtiene una única serie de índices de la bondad de ajuste combinando ambos grupos. En caso que el ajuste global sea malo, puede ser útil realizar un análisis de cada modelo por separado para determinar cuál(es) de los grupos son responsables de la falta de ajuste. El modelo empleado es de análisis factorial; se omite pues la ecuación de regresión relacionando los valores de los padres y los hijos, y ambos factores son tratados como exógenos y como tales se les asigna una media y se dejan covariar libremente.

El archivo de sintaxis incluye la especificación del modelo para ambos grupos, y cada grupo requiere un archivo de datos separado (si no hubiera datos ausentes, para cada grupo se podría especificar un archivo para la matriz de covarianzas y el vector de medias). Para los grupos segundo y siguientes, la línea de título contiene únicamente una etiqueta para el grupo. La lista de variables observables y latentes sólo figura en el primero de los grupos. Las opciones de estimación se escriben al final del último grupo, justo delante de la línea "end of problem". Por supuesto, no importa cuál de los grupos se introduce en primer lugar.

Por defecto, SIMPLIS asume que todos los parámetros de los grupos segundo y posteriores son iguales a los del primer grupo. Para eliminar esta opción, o incluso para añadir parámetros que están restringidos a cero en el primer grupo, o para restringir a cero parámetros presentes en el primer grupo, deben introducirse "relationships" o líneas "set" o "let".

Para que todos los parámetros varíen libremente entre grupos, deben liberarse todos en el segundo grupo, incluso aquellos que en el primero ya eran libres por defecto (varianzas y covarianzas de factores exógenos, varianzas de error de medición o de perturbaciones en su caso), de modo que el número de comandos necesarios para el segundo grupo suele ser mayor que para el primero. Por lo tanto, se repiten las mismas "relationships" que en el primer grupo, y se añadirán cuatro varianzas de error, dos varianzas de los factores y la covarianza entre los mismos como parámetros libres en el segundo grupo. La sintaxis se muestra en la figura 7.1, con los cambios con respecto a la figura 6.1 resaltados en negrita.

```
Primer ejemplo con dos muestras. Sin restricciones. group=España
observed variables:
val_int val_htec val_hper val_cord val_prof val_fam val_sen val_simp
val_din val_pod val_cmun val_ima
sat_glob
p_v_int p_v_htec p_v_hper p_v_cord p_v_prof p_v_fam p_v_sen p_v_simp
p_v_din p_v_pod p_v_cmun p_v_ima
missing value code 0
sample size: 3118
raw data from file cataloni.dat
latent variables
mater p_mater
relationships:
val_din=1*mater
val_pod=const mater
p_v_din=1*p_mater
p_v_pod=const p_mater
mater = const
p_mater = const

group = Brasil
missing value code 0
sample size: 860
raw data from file brazil.dat
relationships:
val_pod=const mater
p_v_pod=const p_mater
mater = const
p_mater = const
set the error variances of val_din free
set the error variances of val_pod free
set the error variances of p_v_din free
set the error variances of p_v_pod free
set the variances of mater free
set the variances of p_mater free
set the covariances of mater p_mater free
options: mi ad=off sc
end of problem
```

FIGURA 7.1. *Archivo de sintaxis SIMPLIS para contrastar la invarianza de configuración. Máxima verosimilitud directa con datos que faltan al azar.*

En el archivo de resultados de la figura 7.2 podemos ver que las estimaciones son razonables en ambos grupos (exceptuando una varianza de error negativa que afortunadamente no es estadísticamente significativa y que atribuimos a la inestabilidad inherente a los modelos con sólo dos indicadores por factor), y la bondad del ajuste está en la frontera de ser aceptable (intervalo de confianza para RMSEA entre 0,044 y 0,097). Omitimos los índices de modificación, incorrectos para esta versión de LISREL en modelos con datos ausentes. El valor del estadístico χ^2 nos servirá para calcular los contrastes necesarios de cambio en la χ^2 para las restricciones de invarianza factorial.

```
Primer ejemplo con dos muestras. Sin restricciones. group=España

  Number of Iterations = 4

  LISREL Estimates (Maximum Likelihood)

        Measurement Equations

  val_din = 1.00*mater, Errorvar.= 0.27 , R² = 0.84
                                  (0.13)
                                   2.12

  val_pod = 0.18   + 0.93*mater, Errorvar.= 0.45 , R² = 0.73
           (0.22)   (0.081)                (0.11)
            0.85    11.39                   4.13

  p_v_din = 1.00*p_mater, Errorvar.= 0.26  , R² = 0.80
                                    (0.079)
                                     3.26

  p_v_pod = - 0.20  + 1.06*p_mater, Errorvar.= 0.20  , R² = 0.85
             (0.22)  (0.085)                  (0.088)
             -0.92   12.51                     2.26

        Covariance Matrix of Independent Variables

               mater      p_mater
             --------    --------
     mater     1.46
              (0.13)
              10.89
```

```
  p_mater      0.27         1.00
              (0.04)       (0.09)
               7.26        11.15

        Mean Vector of Independent Variables

               mater       p_mater
             --------     --------
               2.68         2.53
              (0.02)       (0.03)
             113.14        90.98


  group = Brasil

  Number of Iterations = 4

  LISREL Estimates (Maximum Likelihood)

        Measurement Equations

  val_din = 1.00*mater, Errorvar.= -0.29 , R² = 1.14
                                   (0.57)
                                   -0.51

  W_A_R_N_I_N_G : Error variance is negative.

  val_pod = 1.11  + 0.63*mater, Errorvar.= 1.03 , R² = 0.47
           (0.50)  (0.16)                 (0.23)
            2.20    4.01                   4.44

  p_v_din = 1.00*p_mater, Errorvar.= 0.056 , R² = 0.97
                                     (0.35)
                                      0.16

  p_v_pod =  0.75  +  0.75*p_mater, Errorvar.= 0.70 , R² = 0.59
            (0.43)   (0.15)                   (0.20)
             1.75     5.05                     3.41

        Covariance Matrix of Independent Variables

               mater       p_mater
             --------     --------
    mater      2.31
              (0.58)
               4.01
```

```
p_mater     0.55          1.82
           (0.13)        (0.39)
            4.33          4.72


        Mean Vector of Independent Variables

               mater       p_mater
            --------      ---------
               3.21          2.87
              (0.05)        (0.09)
              64.40         33.57


     Global Goodness of Fit Statistics, Missing Data Case

        -2ln(L) for the saturated model =        32150.168
        -2ln(L) for the fitted model    =        32170.901

                         Degrees of Freedom = 2
        Full Information ML Chi-Square = 20.73 (P = 0.00)
    Root Mean Square Error of Approximation (RMSEA) = 0.069
  90 Percent Confidence Interval for RMSEA = (0.044 ; 0.097)
     P-Value for Test of Close Fit (RMSEA < 0.05) = 0.47
```

FIGURA 7.2. *Resultados SIMPLIS del contraste de la invarianza de configuración. Máxima verosimilitud directa con datos que faltan al azar.*

Ya que la comparación de medias de factores entre grupos tiene interés, debemos contrastar la invarianza factorial fuerte. Para ello eliminamos de la sintaxis del segundo grupo todas las líneas que relacionan indicadores con factores, a fin que las saturaciones y los términos constantes sean iguales a los del primer grupo (sintaxis en la figura 7.3 y resultados en la 7.4).

```
Primer ejemplo con dos muestras. Invarianza. group=España
observed variables:
val_int val_htec val_hper val_cord val_prof val_fam val_sen val_simp
val_din val_pod val_cmun val_ima
sat_glob
p_v_int p_v_htec p_v_hper p_v_cord p_v_prof p_v_fam p_v_sen p_v_simp
p_v_din p_v_pod p_v_cmun p_v_ima
```

```
missing value code 0
sample size: 3118
raw data from file cataloni.dat
latent variables
mater p_mater
relationships:
val_din=1*mater
val_pod=const mater
p_v_din=1*p_mater
p_v_pod=const p_mater
mater = const
p_mater = const
group = Brasil
missing value code 0
sample size: 860
raw data from file brazil.dat
relationships:
mater = const
p_mater = const
set the error variances of val_din free
set the error variances of val_pod free
set the error variances of p_v_din free
set the error variances of p_v_pod free
set the variances of mater free
set the variances of p_mater free
set the covariances of mater p_mater free
options: mi ad=off sc
end of problem
```

FIGURA 7.3. *Archivo de sintaxis SIMPLIS para contrastar la invarianza factorial fuerte.*

El cambio en la χ^2 de 5,68 con 4 grados de libertad es claramente no significativo. Además, el único índice de bondad del ajuste que facilita LISREL, cuando hay datos ausentes (RMSEA), no sólo no empeora, sino que ha mejorado con respecto al modelo sin restringir. Por todo ello, consideramos que la invarianza factorial fuerte se cumple. Obsérvese como los parámetros restringidos tienen idéntico valor, error estándar y estadístico t. Asimismo, la varianza negativa ha desaparecido.

```
Primer ejemplo con dos muestras. Invarianza. group=España

  LISREL Estimates (Maximum Likelihood)

       Measurement Equations

  val_din = 1.00*mater, Errorvar.= 0.17  , R² = 0.90
                                  (0.092)
                                   1.89


  val_pod = 0.34  + 0.87*mater, Errorvar.= 0.53  , R² = 0.69
          (0.14)  (0.051)                (0.070)
           2.42   17.13                   7.53


  p_v_din = 1.00*p_mater, Errorvar.= 0.23  , R² = 0.82
                                    (0.069)
                                     3.25


  p_v_pod = - 0.11  + 1.03*p_mater, Errorvar.= 0.23  , R² = 0.82
            (0.18)  (0.069)                  (0.073)
            -0.63   14.81                     3.18


       Covariance Matrix of Independent Variables

               mater       p_mater
              --------    --------
     mater      1.56
              (0.10)
               15.49

   p_mater      0.28         1.03
              (0.04)       (0.08)
                7.61        12.77


       Mean Vector of Independent Variables

               mater       p_mater
              --------    --------
                2.68         2.53
              (0.02)       (0.03)
              113.21        91.16
```

```
group = Brasil

LISREL Estimates (Maximum Likelihood)

     Measurement Equations

val_din = 1.00*mater, Errorvar.= 0.34 , R² = 0.83
                                (0.11)
                                 3.02

val_pod = 0.34  + 0.87*mater, Errorvar.= 0.68  , R² = 0.65
         (0.14)  (0.051)                (0.090)
          2.42   17.13                   7.60

p_v_din = 1.00*p_mater, Errorvar.= 0.53 , R² = 0.71
                                  (0.12)
                                   4.43

p_v_pod = - 0.11  + 1.03*p_mater, Errorvar.= 0.34 , R² = 0.80
           (0.18)  (0.069)                  (0.12)
           -0.63   14.81                     2.85

     Covariance Matrix of Independent Variables

               mater      p_mater
             --------    --------
  mater        1.68
              (0.14)
              12.06

p_mater        0.44        1.32
              (0.11)      (0.17)
               3.89        7.88

     Mean Vector of Independent Variables

               mater      p_mater
             --------    --------
               3.21        2.91
              (0.05)      (0.08)
              65.19       36.63

   Global Goodness of Fit Statistics, Missing Data Case

    -2ln(L) for the saturated model =      32150.168
    -2ln(L) for the fitted model    =      32176.582

                      Degrees of Freedom = 6
   Full Information ML Chi-Square = 26.41 (P = 0.00019)
  Root Mean Square Error of Approximation (RMSEA) = 0.042
 90 Percent Confidence Interval for RMSEA = (0.026 ; 0.058)
    P-Value for Test of Close Fit (RMSEA < 0.05) = 0.98
```

FIGURA 7.4. *Resultados SIMPLIS del contraste de la invarianza factorial fuerte.*

En la figura 7.4, vemos que las medias de los valores son más altas en Brasil que en España. Para ver si las diferencias son significativas, y una vez establecida la invarianza factorial fuerte, podemos proceder al contraste de la igualdad de medias de los factores entre grupos. Para ello, debemos omitir las ecuaciones que relacionan los factores con los parámetros constantes en el segundo grupo (figuras 7.5 y 7.6).

```
Primer ejemplo con dos muestras.Invarianza.Medias iguales.Group=España
observed variables:
val_int val_htec val_hper val_cord val_prof val_fam val_sen val_simp
val_din val_pod val_cmun val_ima
sat_glob
p_v_int p_v_htec p_v_hper p_v_cord p_v_prof p_v_fam p_v_sen p_v_simp
p_v_din p_v_pod p_v_cmun p_v_ima
missing value code 0
sample size: 3118
raw data from file cataloni.dat
latent variables
mater p_mater
relationships:
val_din=1*mater
val_pod=const mater
p_v_din=1*p_mater
p_v_pod=const p_mater
mater = const
p_mater = const

group = Brasil
missing value code 0
sample size: 860
raw data from file brazil.dat
relationships:
set the error variances of val_din free
set the error variances of val_pod free
set the error variances of p_v_din free
set the error variances of p_v_pod free
set the variances of mater free
set the variances of p_mater free
set the covariances of mater p_mater free
options: mi ad=off sc
end of problem
```

FIGURA 7.5. *Archivo de sintaxis SIMPLIS para contrastar la igualdad de medias de los factores entre grupos.*

El enorme cambio en la χ^2 entre las figuras 7.6 y 7.4 (2 g. l.), y el aumento del RMSEA llevan clarísimamente a afirmar que las medias de los valores materiales son diferentes en Brasil y en España. La restricción podría también introducirse separadamente para padres e hijos. Cuando LISREL solvente el error de programación de los índices de modificación, se podrán emplear los índices asociados a las medias de los factores para saber si el rechazo de la hipótesis nula se debe a diferente media de los valores de los padres, de los hijos o de ambos.

```
Degrees of Freedom = 8
Full Information ML Chi-Square = 129.60 (P = 0.0)
Root Mean Square Error of Approximation (RMSEA) = 0.088
90 Percent Confidence Interval for RMSEA = (0.075 ; 0.10)
P-Value for Test of Close Fit (RMSEA < 0.05) = 0.060
```

FIGURA 7.6. *Bondad de ajuste del modelo con igualdad de medias de los factores entre grupos.*

Si relajamos la igualdad de medias de los factores, podemos volver a formular la ecuación de regresión en la que los valores de los hijos dependen de los de los padres (los modelos con ecuaciones relacionando factores no son adecuados para restringir medias entre grupos, porque algunos parámetros α no son medias sino términos constantes). De momento permitimos que los coeficientes β sean distintos entre grupos, aunque su igualdad podría también contrastarse. En el primer grupo, debemos introducir la ecuación correspondiente. Para evitar asumir la igualdad de los parámetros, repetimos la ecuación en el segundo grupo. Debemos asimismo eliminar del segundo grupo la covarianza entre ambos factores, que ya no es un parámetro del modelo (figura 7.7).

```
Primer ejemplo con dos muestras. Invarianza. Regresion. group=España
observed variables:
val_int val_htec val_hper val_cord val_prof val_fam val_sen val_simp
val_din val_pod val_cmun val_ima
sat_glob
p_v_int p_v_htec p_v_hper p_v_cord p_v_prof p_v_fam p_v_sen p_v_simp
p_v_din p_v_pod p_v_cmun p_v_ima
```

```
missing value code 0
sample size: 3118
raw data from file cataloni.dat
latent variables
mater p_mater
relationships:
val_din=1*mater
val_pod=const mater
p_v_din=1*p_mater
p_v_pod=const p_mater
mater = const p_mater
p_mater = const

group = Brasil
missing value code 0
sample size: 860
raw data from file brazil.dat
relationships:
mater = const p_mater
p_mater = const
set the error variances of val_din free
set the error variances of val_pod free
set the error variances of p_v_din free
set the error variances of p_v_pod free
set the variances of mater free
set the variances of p_mater free
options: mi ad=off sc
end of problem
```

FIGURA 7.7. *Archivo de sintaxis SIMPLIS con relaciones entre factores.*

Con los resultados que presentamos en la figura 7.8 finaliza nuestro análisis del modelo representado en la Figura 3.2. El modelo se ha estimado con estructura de medias y covarianzas, tratando los valores ausentes por máxima verosimilitud directa. El modelo se ha ajustado a las muestras de ambos países con las restricciones necesarias para que las estimaciones de los parámetros que relacionan factores (β_{21}, que es 0,27 en España y 0,33 en Brasil) puedan ser comparadas. Omitimos las ecuaciones de medida, que en este caso son idénticas a las de la figura 7.4.

```
Primer ejemplo con dos muestras. Invarianza. Regresion. group=España

        Structural Equations

  mater = 2.00    + 0.27*p_mater, Errorvar.= 1.49  , R² = 0.048
        (0.090)  (0.034)                   (0.099)
         22.25     7.88                     14.97

        Variances of Independent Variables

             p_mater
            --------
               1.03
              (0.08)
              12.77

        Mean Vector of Independent Variables

             p_mater
            --------
               2.53
              (0.03)
              91.15

group = Brasil

        Structural Equations

  mater = 2.24  + 0.33*p_mater, Errorvar.= 1.53 , R² = 0.087
        (0.24)  (0.080)                   (0.14)
         9.39    4.14                     10.62

        Variances of Independent Variables

             p_mater
            --------
               1.32
              (0.17)
               7.88

        Mean Vector of Independent Variables

             p_mater
            --------
               2.91
              (0.08)
              36.61
```

```
        Global Goodness of Fit Statistics, Missing Data Case

         -2ln(L) for the saturated model =      32150.168
         -2ln(L) for the fitted model    =      32176.583

                       Degrees of Freedom = 6
        Full Information ML Chi-Square  = 26.41 (P = 0.00019)
       Root Mean Square Error of Approximation (RMSEA) = 0.042
      90 Percent Confidence Interval for RMSEA = (0.026 ; 0.058)
         P-Value for Test of Close Fit (RMSEA < 0.05) = 0.98
```

FIGURA 7.8. *Resultados SIMPLIS del modelo con relaciones entre factores.*

8
RESULTADOS DEL EJEMPLO

8.1. Primeros análisis

En el capítulo 2, dijimos que en el artículo de Coenders *et al.* (en prensa) se lleva a cabo un proceso de ajuste de un modelo de análisis factorial; primero, con los datos combinados de todos los grupos, y luego con los datos de cada grupo por separado. Este modelo ajusta tanto para los valores de los padres como para los de los hijos, y tanto para los españoles como para los brasileños. Es el modelo de la figura 8.1.

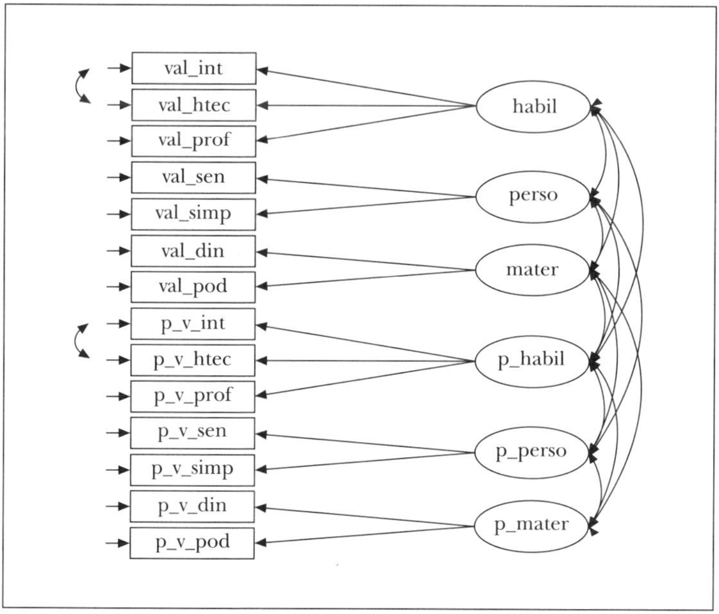

Figura 8.1. *Diagrama del modelo de análisis factorial de valores paternos y filiales. Omitimos la estructura de medias por simplicidad.*

Coenders *et al.* (en prensa) también contrastaron si los datos faltaban completamente al azar y encontraron que no era así. Por ejemplo, los hijos de los padres que no respondían tendían a tener valores materiales más altos que los hijos de los padres que sí respondían. Parecería que los valores materiales paternos estarían, pues, asociados a dejar de hacer tareas altruistas como pueden ser responder a un cuestionario y que estos valores materiales se transmitirían a los hijos.

8.2. Contrastes de invarianza factorial

El modelo que se ajustó a ambas muestras sin restricciones (lo que equivale al ajuste de cada muestra por separado), es el del archivo de sintaxis de la figura 8.2. La bondad del ajuste es aceptable ($\chi^2 = 336{,}02$, con 120 g.l., RMSEA: límite inferior de confianza: 0,028; estimación: 0,032; límite superior: 0,036) lo que permite asumir invarianza de configuración.

```
Sin restricciones. Group=España
observed variables:
val_int val_htec val_hper val_cord val_prof val_fam val_sen val_simp
val_din val_pod val_cmun val_ima
sat_glob
p_v_int p_v_htec p_v_hper p_v_cord p_v_prof p_v_fam p_v_sen p_v_simp
p_v_din p_v_pod p_v_cmun p_v_ima
missing value code 0
sample size: 3118
raw data from file cataloni.dat
latent variables
mater habil perso p_mater p_habil p_perso
relationships:
val_din=1*mater
val_pod=const mater
val_int=1*habil
val_htec=const habil
val_prof=const habil
val_sen=1*perso
val_simp=const perso
p_v_din=1*p_mater
p_v_pod=const p_mater
```

```
p_v_int=1*p_habil
p_v_htec=const p_habil
p_v_prof=const p_habil
p_v_sen=1*p_perso
p_v_simp=const p_perso
mater = const
habil = const
perso = const
p_mater = const
p_habil = const
p_perso = const
let the errors of val_htec and val_int correlate
let the errors of p_v_htec and p_v_int correlate

group = Brasil
missing value code 0
sample size: 860
raw data from file brazil.dat
relationships:
val_pod=const mater
val_htec=const habil
val_prof=const habil
val_simp=const perso
p_v_pod=const p_mater
p_v_htec=const p_habil
p_v_prof=const p_habil
p_v_simp=const p_perso
mater = const
habil = const
perso = const
p_mater = const
p_habil = const
p_perso = const
set the error variances of val_din free
set the error variances of val_pod free
set the error variances of val_int free
set the error variances of val_htec free
set the error variances of val_prof free
set the error variances of val_sen free
set the error variances of val_simp free
set the error variances of p_v_din free
set the error variances of p_v_pod free
set the error variances of p_v_int free
set the error variances of p_v_htec free
```

```
set the error variances of p_v_prof free
set the error variances of p_v_sen free
set the error variances of p_v_simp free
set the variances of mater free
set the variances of habil free
set the variances of perso free
set the variances of p_mater free
set the variances of p_habil free
set the variances of p_perso free
set the covariances of mater habil perso p_mater p_habil p_perso free
set the covariances of habil perso p_mater p_habil p_perso free
set the covariances of perso p_mater p_habil p_perso free
set the covariances of p_mater p_habil p_perso free
set the covariances of p_habil p_perso free
let the errors of val_htec and val_int correlate
let the errors of p_v_htec and p_v_int correlate
options: mi nd=3 wp ad=off sc
end of problem
```

FIGURA 8.2. *Sintaxis SIMPLIS para contrastar invarianza de configuración.*

El archivo de sintaxis para un modelo con restricciones de invarianza factorial fuerte se obtendría simplemente eliminando las líneas siguientes de las "relationships" del grupo Brasil en la Figura 8.2:

```
val_pod=const mater
val_htec=const habil
val_prof=const habil
val_simp=const perso
p_v_pod=const p_mater
p_v_htec=const p_habil
p_v_prof=const p_habil
p_v_simp=const p_perso
```

La bondad de ajuste se deteriora notablemente ($\chi^2 = 446{,}49$, con 136 g.l., RMSEA: límite inferior de confianza: 0,030; estimación: 0,034; límite superior: 0,037). Aunque el aumento del RMSEA no es muy grande, el cambio en la χ^2 (110,47) es enorme para sus 16 grados de libertad (el valor crítico con $\alpha = 0{,}001$ es 39,25), con lo que concluimos que no se cumple la invarianza factorial fuerte.

Dos de los factores sólo tienen dos ítems, y uno de ellos no cuenta, puesto que se usa para escalar la variable latente, con lo que no es posible hablar de invarianza factorial parcial. En cambio, para el factor de habilidad y conocimiento sería posible relajar las restricciones de igualdad de uno de los ítems, tanto para padres como para hijos. Después de algunos intentos, decidimos dar por bueno el modelo en que se relaja la igualdad de los parámetros de medición (es decir, término constante y saturación) para la variable p_v_prof (valor de la profesión para los padres). La nueva bondad del ajuste es considerablemente mejor ($\chi^2 = 417{,}82$, con 134 g.l., RMSEA: límite inferior de confianza: 0,029; estimación: 0,033; límite superior: 0,036) con lo que conseguimos un RMSEA casi idéntico al del modelo sin restringir, y hemos reducido el estadístico χ^2 en 28,67 con sólo la pérdida de dos grados de libertad. Para ajustar este modelo, sólo hay que volver a añadir la línea: "p_v_prof=const p_habil" en el apartado "relationships" del grupo Brasil. Los resultados se muestran en la tabla 8.1.

TABLA 8.1. *Estimaciones[1] del modelo de análisis factorial con invarianza factorial (sólo parcial para los valores de habilidad de los padres). Los valores de los padres están precedidos por "p_".*

España	CONSTANTE	ERROR ESTÁNDAR	SATURACIÓN	ERROR ESTÁNDAR	SATURACIÓN ESTANDARIZADA
val_int	0	—	1	—	0,637
val_htec	-0,117	0,113	1,013	0,029	0,641
val_prof	-0,368	0,156	1,140	0,041	0,670
val_sen	0	—	1	—	0,675
val_simp	0,701	0,129	0,926	0,034	0,739
val_din	0	—	1	—	0,901
val_pod	0,088	0,086	0,960	0,031	0,874
p_v_int	0	—	1	—	0,433
p_v_htec	0,005	0,249	0,934	0,059	0,407
p_v_prof	-1,508	0,467	1,412	0,111	0,586
p_v_sen	0	—	1	—	0,706
p_v_simp	-0,055	0,239	1,002	0,055	0,743
p_v_din	0	—	1	—	0,885
p_v_pod	-0,236	0,127	1,076	0,049	0,929

	Media	Error estándar	Varianza	Error estándar	
habil	3,742	0,016	0,346	0,020	
perso	3,737	0,018	0,486	0,027	
mater	2,681	0,024	1,412	0,060	
p_habil	4,196	0,018	0,097	0,013	
p_perso	4,363	0,018	0,270	0,021	
p_mater	2,531	0,028	0,984	0,060	
	COVARIANZA	Error estándar	CORRELACIÓN		
P_habil-p_mater	0,120	0,015	0,389		
p_perso-p_mater	0,086	0,017	0,167		
P_perso-p_habil	0,141	0,012	0,868		
mater-p_mater	0,264	0,034	0,224		
mater-p_habil	0,049	0,015	0,134		
mater-p_perso	0,007	0,020	0,011		
habil-p_mater	0,039	0,019	0,067		
habil-p_habil	0,042	0,009	0,230		
habil-p_perso	0,036	0,011	0,117		
perso-p_mater	0,005	0,022	0,007		
perso-p_habil	0,029	0,010	0,135		
perso-p_perso	0,063	0,014	0,174		
habil-mater	0,245	0,018	0,351		
perso-mater	0,152	0,020	0,184		
perso-habil	0,318	0,016	0,775		
error val_int-val_htec	0,135	0,007	0,158		
error p_v_int-p_v_htec	0,185	0,007	0,359		
Brasil	CONSTANTE	Error estándar	Saturación	Error estándar	Saturación estandarizada
val_int	0	—	1	—	0,572
val_htec	-0,117	0,113	1,013	0,029	0,560
val_prof	-0,368	0,156	1,140	0,041	0,645
val_sen	0	—	1	—	0,702
val_simp	0,701	0,129	0,926	0,034	0,717
val_din	0	—	1	—	0,868
val_pod	0,088	0,086	0,960	0,031	0,844
p_v_int	0	—	1	—	0,595
p_v_htec	0,005	0,249	0,934	0,059	0,448
p_v_prof	-1,138	0,852	1,251	0,191	0,699
p_v_sen	0	—	1	—	0,621
p_v_simp	-0,055	0,239	1,002	0,055	0,746
p_v_din	0	—	1	—	0,824
p_v_pod	-0,236	0,127	1,076	0,049	0,916

	MEDIA	ERROR ESTÁNDAR	VARIANZA	ERROR ESTÁNDAR	
habil	4,122	0,025	0,255	0,025	
perso	3,802	0,033	0,571	0,050	
mater	3,198	0,048	1,511	0,102	
p_habil	4,449	0,041	0,164	0,038	
p_perso	4,421	0,044	0,299	0,049	
p_mater	2,927	0,077	1,244	0,147	
	COVARIANZA	ERROR ESTÁNDAR	CORRELACIÓN		
P_habil-p_mater	0,204	0,046	0,452		
p_perso-p_mater	0,145	0,054	0,239		
P_perso-p_habil	0,151	0,029	0,683		
mater-p_mater	0,355	0,105	0,259		
mater-p_habil	0,072	0,045	0,144		
mater-p_perso	-0,015	0,059	-0,023		
habil-p_mater	0,068	0,050	0,120		
habil-p_habil	0,080	0,023	0,389		
habil-p_perso	0,037	0,028	0,134		
perso-p_mater	-0,002	0,071	-0,002		
perso-p_habil	0,091	0,037	0,298		
perso-p_perso	0,121	0,041	0,292		
habil-mater	0,365	0,035	0,588		
perso-mater	0,350	0,046	0,376		
perso-habil	0,272	0,025	0,714		
error val_int-val_htec	0,131	0,013	0,163		
error p_v_int-p_v_htec	0,108	0,018	0,186		

[1] Hemos omitido las varianzas de error por simplicidad. Su porcentaje puede calcularse como uno menos el cuadrado de la saturación estandarizada.

8.3. Contrastes de medias y relaciones entre factores

El modelo de la Tabla 8.1, que impone invarianza factorial fuerte parcial y no restringe las varianzas, las covarianzas ni las medias de los factores, nos servirá como base para contrastar las restricciones que nos interesen. En primer lugar, puede tener sentido contrastar la igualdad de medias de los factores entre países. La tabla sugiere que tanto los padres como los niños brasileños valoran más los tres valores considerados que sus homólogos españoles. Para contrastar esta hipótesis, basta con eliminar de las "relationships" del grupo Brasil las líneas siguientes:

```
mater = const
habil = const
perso = const
p_mater = const
p_habil = const
p_perso = const
```

El modelo resulta con una bondad de ajuste mucho peor (χ^2 = 680,27 con 140 g.l., RMSEA: límite inferior de confianza: 0,041; estimación: 0,044; límite superior: 0,047). El enorme valor del cambio en la χ^2 (262,45, con 6 g.l.) no precisa consultar tablas para establecer su significación.

Para determinar cuáles de las medias difieren significativamente entre países, pasamos a restringirlas de una en una. Los resultados están en la tabla 8.2 y muestran que tanto los padres como los hijos valoran significativamente más en Brasil que en España las habilidades y conocimientos y los temas materiales. Las medias que observamos en la tabla 8.1 muestran diferencias notables, con lo que la significación estadística del contraste no se debe a un exceso de potencia, sino a la existencia de diferencias reales.

TABLA 8.2. *Contrastes de igualdad de medias de factores entre grupos. El modelo sin restringir tiene* χ^2 = *417,82, 134 g.l., RMSEA: 0,033.*

Media restringida	χ^2 (135 g.l.)	Cambio en la χ^2 (1 g.l.)	p-valor del cambio	RMSEA
habil	612,41	194,59	0,00000	0,042
perso	421,03	3,21	0,07319	0,033
mater	512,72	94,90	0,00000	0,038
p_habil	448,46	30,64	0,00000	0,034
p_perso	419,25	1,43	0,23176	0,033
p_mater	441,25	23,43	0,00000	0,034

Procedemos ahora al ajuste del modelo sugerido en el diagrama original del capítulo 2. Las relaciones de los factores y la distribución de los mismos no las suponemos de momento iguales para ambos países; las únicas restricciones entre grupos que imponemos son las de invarianza factorial (parcial para los valores paternos de habilidad). El archivo de sintaxis se presenta en la figura 8.3.

```
Invarianza parcial. regresiones. Group=España
observed variables:
val_int val_htec val_hper val_cord val_prof val_fam val_sen val_simp
val_din val_pod val_cmun val_ima
sat_glob
p_v_int p_v_htec p_v_hper p_v_cord p_v_prof p_v_fam p_v_sen p_v_simp
p_v_din p_v_pod p_v_cmun p_v_ima
missing value code 0
sample size: 3118
raw data from file cataloni.dat
latent variables
mater habil perso p_mater p_habil p_perso
relationships:
val_din=1*mater
val_pod=const mater
val_int=1*habil
val_htec=const habil
val_prof=const habil
val_sen=1*perso
val_simp=const perso
p_v_din=1*p_mater
p_v_pod=const p_mater
p_v_int=1*p_habil
p_v_htec=const p_habil
p_v_prof=const p_habil
p_v_sen=1*p_perso
p_v_simp=const p_perso
mater = const p_mater
habil = const p_habil
perso = const p_perso
p_mater = const
p_habil = const
p_perso = const
let the errors of val_htec and val_int correlate
let the errors of p_v_htec and p_v_int correlate
set the covariances of mater habil perso free
set the covariances of habil perso free

group = Brasil
missing value code 0
sample size: 860
raw data from file brazil.dat
relationships:
p_v_prof=const p_habil
mater = const p_mater
habil = const p_habil
```

```
perso = const p_perso
p_mater = const
p_habil = const
p_perso = const
set the error variances of val_din free
set the error variances of val_pod free
set the error variances of val_int free
set the error variances of val_htec free
set the error variances of val_prof free
set the error variances of val_sen free
set the error variances of val_simp free
set the error variances of p_v_din free
set the error variances of p_v_pod free
set the error variances of p_v_int free
set the error variances of p_v_htec free
set the error variances of p_v_prof free
set the error variances of p_v_sen free
set the error variances of p_v_simp free
set the variances of mater free
set the variances of habil free
set the variances of perso free
set the variances of p_mater free
set the variances of p_habil free
set the variances of p_perso free
set the covariances of mater habil perso free
set the covariances of habil perso free
set the covariances of p_mater p_habil p_perso free
set the covariances of p_habil p_perso free
let the errors of val_htec and val_int correlate
let the errors of p_v_htec and p_v_int correlate
options: mi nd=3 wp ad=off sc
end of problem
```

FIGURA 8.3. *Sintaxis SIMPLIS con regresiones de los valores filiales sobre los paternos.*

La bondad de ajuste incluso ha mejorado ligeramente con respecto al modelo de la tabla 8.1 debido a la mayor parquedad del modelo (χ^2=447,11, con 146 g.l., RMSEA: límite inferior de confianza: 0,029; estimación: 0,032; límite superior: 0,036). Ambos modelos están anidados; el modelo de análisis factorial de la tabla 8.1 no impone restricciones en las relaciones entre factores, mientras que el que nos ocupa impone las relaciones de la figura 2.1. Por lo tanto, es posible calcular el cambio en la χ^2 (29,29 con 12 g.l.

p-valor 0,004) que permite rechazar las restricciones desde un punto de vista estadístico, aunque la mejora del RMSEA nos induce a mantenerlas. Los resultados (sólo de la parte estructural del modelo) se muestran en la tabla 8.3.

TABLA 8.3. *Estimaciones del modelo con invarianza factorial parcial y regresiones entre factores. Sólo se muestra la parte estructural. Los errores estándar están entre paréntesis.*

	España			**Brasil**		
mater=	2,006 (0,0837)	+0,268×p_mater (0,0318)	R^2=0,0508	2,242 (0,231)	+0,312×p_mater (0,0725)	R^2=0,0842
habil=	2,308 (0,287)	+0,343×p_habil (0,0685)	R^2=0,0345	2,397 (0,510)	+0,381×p_habil (0,112)	R^2=0,101
perso=	2,667 (0,205)	+0,245×p_perso (0,0469)	R^2=0,0338	1,830 (0,536)	+0,435×p_perso (0,117)	R^2=0,106
VARIANZAS Y COVARIANZAS DE PERTURBACIONES						
	mater	habil	perso	mater	habil	perso
mater	1,339 (0,0596)			1,386 (0,108)		
habil	0,235 (0,0179)	0,336 (0,0205)		0,341 (0,0350)	0,230 (0,0272)	
perso	0,149 (0,0197)	0,308 (0,0156)	0,471 (0,0271)	0,337 (0,0462)	0,247 (0,0257)	0,513 (0,0543)
VARIANZAS Y COVARIANZAS DE FACTORES EXÓGENOS						
	p_mater	p_habil	p_perso	p_mater	p_habil	p_perso
p_mater	1,000 (0,058)			1,310 (0,152)		
p_habil	0,122 (0,015)	0,102 (0,014)		0,225 (0,049)	0,178 (0,040)	
p_perso	0,086 (0,017)	0,140 (0,012)	0,274 (0,021)	0,167 (0,056)	0,165 (0,030)	0,322 (0,052)
MEDIAS DE FACTORES EXÓGENOS						
	p_mater	p_habil	p_perso	p_mater	p_habil	p_perso
	2,515 (0,027)	4,184 (0,018)	4,357 (0,018)	3,119 (0,056)	4,553 (0,037)	4,568 (0,037)

Los coeficientes que relacionan cada valor de los hijos con el mismo valor de los padres son positivos y estadísticamente significativos, aunque los coeficientes R^2 muestran el pobre poder predictivo de estas ecuaciones. Por tanto, no es de extrañar que una parte del comportamiento sistemático de los valores de los hijos quede por explicar, lo que conduce a covarianzas altamente significativas entre las perturbaciones.

La transmisión de los valores entre padres e hijos parece más débil en España. El contraste de la igualdad de los coeficientes de regresión entre países permitiría ver si las diferencias son estadísticamente significativas, algo que en este caso no sucede.

Resumiendo, el modelo nos ha permitido concluir que:

1) Los valores de los padres y de los hijos (materiales, de conocimiento y de relaciones interpersonales) se entienden del mismo modo en España y en Brasil. Esto puede atribuirse a las raíces comunes que ambos países tienen en la cultura latina.
2) Los ítems miden de la misma manera los valores mencionados en ambos países.
3) En Brasil se da más importancia que en España a los valores de conocimiento y a los valores materiales (las medias de los factores son más altas).
4) Tanto en Brasil como en España, los valores de los hijos dependen de los mismos valores de los padres, lo que sugiere una cierta transmisión de los valores en el seno de la familia, aunque los porcentajes de varianza explicada sean bajos. Las relaciones observadas no son significativamente diferentes en Brasil y en España.

9
EFECTOS DE INTERACCIÓN. SEGUNDO EJEMPLO

9.1. Datos y definición del problema

En ciencias sociales, a menudo ocurre que la presencia de una variable independiente influye en el impacto de otra variable independiente sobre la respuesta o variable dependiente. Interpretar, en este caso, el coeficiente de regresión como el efecto marginal esperado del regresor en la variable dependiente no es posible, ya que dicho efecto no es independiente del valor que tome otro u otros regresores. En otras palabras, el efecto (principal) del regresor es "moderado" o "condicionado" por el valor de otro(s) regresor(es).

La naturaleza del regresor moderador ha guiado las distintas estrategias utilizadas para contrastar el efecto de dicha interacción. Si uno de los regresores es nominal, en un principio se propuso la partición de la muestra en función de las categorías del regresor nominal, para comparar las pendientes del continuo; después se propuso la inclusión en el modelo de variables ficticias (que toman valores 0 y 1), para codificar la variable nominal. Si ambos regresores son continuos, Cohen y Cohen (1983) sugieren que se incluya un término multiplicativo, que constituye un efecto de segundo orden para representar el efecto de la interacción. Aunque el número de posibles formas funcionales de la relación moderadora es variado, la inmensa mayoría se ha centrado en el simple producto de regresores, conocido como efecto de interacción bilineal de la ecuación 9.1:

$$f_4 = \alpha_4 + \beta_{41} f_1 + \beta_{42} f_2 + \beta_{43} f_3 + d_4, \quad \text{donde} \quad f_3 = f_1 f_2 \tag{9.1}$$

Aunque se trata de variables observables, las representamos como f en lugar de como v a fin de uniformizar la notación con la del resto del capítulo.

La interpretación de la relación debe supeditarse al valor que tome la variable con la que interacciona. De hecho, el coeficiente del término de interacción β_{43} indica la variación esperada de la pendiente de f_4 en f_2, dado un cambio unitario en f_1. En efecto, el coeficiente del efecto principal β_{42} indica el efecto de f_2 sobre f_4 cuando f_1 es cero. Cuando f_1 es uno, f_2 queda multiplicada por $\beta_{42}+\beta_{43}$, cuando f_1 es dos, f_2 queda multiplicado por $\beta_{42}+2\beta_{43}$, etc. Del mismo modo, β_{43} indica también la variación esperada de la pendiente de f_4 en f_1, dado un cambio unitario en f_2. Aunque el término de interacción β_{43} constituye la parte más interesante de estos modelos, para su correcta estimación deben incluirse siempre los efectos principales β_{42} y β_{41} (Irwin y Mclelland, 2001).

En este capítulo, estamos interesados en entender si la *conducta del consumidor es respetuosa con el medio ambiente comprando o boicoteando determinados productos* (f_4) en función de su *orientación hacia valores medioambientales* (f_1), y de su *percepción sobre su propia capacidad de influir en la política* (f_2). Se supone que el efecto de los valores sobre la conducta será mayor si se percibe que se tiene capacidad de influir, lo cual constituye precisamente una interacción entre ambas variables.

La estimación de estos modelos, tradicional e injustificadamente siempre uniecuacionales, se ha basado en estimadores mínimo cuadráticos. Ello ha implicado que no se puedan estimar modelos complejos, con múltiples ecuaciones y efectos indirectos y ha impedido dar un tratamiento satisfactorio al error de medición.

En nuestro caso, tiene interés plantear otros efectos, como el de los valores sobre la percepción de la capacidad de influir en política, cosa que llevaría a añadir la ecuación:

$$f_2 = \alpha_2 + \beta_{21} f_1 + d_2 \tag{9.2}$$

El error de medida en los regresores en el planteamiento de la regresión moderadora anterior conduce a estimadores de los coeficientes de regresión inconsistentes y sesgados. Este sesgo, de hecho atenuación (ver Batista-Foguet y Coenders, 2000), limita el uso de esta técnica, y afecta especialmente la estimación de la interacción, ya que ésta, usualmente de menor magnitud (efecto de segundo orden), podría fácilmente no detectarse dado el efecto de atenuación mencionado. Adicionalmente, también resultan sesgados los errores estándar estimados de los coeficientes de regresión, de manera que no podremos efectuar inferencias coherentes sobre los parámetros o sobre las relaciones entre las variables de interés.

Ya que los constructos implicados en la investigación en ciencias sociales, tales como *conducta del consumidor respetuosa con el medio ambiente*, *orientación hacia valores medioambientales*, o *percepción de la capacidad de influir en la política*, conducen a modelos con variables latentes medidas con error, los investigadores acostumbran a servirse de múltiples indicadores del constructo subyacente. El estudio piloto del *European Social Survey* (ESS, descrito en http://ess.nsd.uib.no/), incluye:

- Ítems para medir *orientación hacia valores medioambientales* (f_1). Se respondía a la pregunta "¿Hasta qué punto esta persona es como usted?" en una escala de 6 puntos entre "en absoluto como yo" y "completamente como yo":

  v_1: Preocuparse por el medio ambiente es importante para él/ella.
  v_2: El/ella cree firmemente que la gente debería cuidar la naturaleza.

- Ítems para medir *percepción sobre su propia capacidad de influir en la política* (f_2). Se respondía a la pregunta "¿Hasta qué punto está de acuerdo con las siguientes afirmaciones?" en una escala de 5 puntos entre "completamente en desacuerdo" y "completamente de acuerdo":

  v_3: Creo que puedo tomar parte activa en un grupo orientado a temas políticos.
  v_4: Se repite el mismo ítem transcurrido un cierto tiempo invirtiendo la escala de respuesta.

- Ítems para medir la variable dependiente *conducta del consumidor respetuosa con el medio ambiente comprando o boicoteando determinados productos* (f_4). Se preguntaba de dos maneras si en los últimos 12 meses habían comprado deliberadamente ciertos productos por motivos políticos, éticos o medioambientales, boicoteado ciertos productos, donado dinero o recolectado dinero:

  v_7: ¿Cuántas de las cuatro acciones incluidas en la tarjeta ha hecho durante los últimos doce meses?

v_8: Responda si ha realizado o no durante los últimos doce meses cada una de las acciones siguientes (transcurridos aproximadamente 45 minutos desde la pregunta v_7).

9.2. Aproximaciones al problema desde los modelos de ecuaciones estructurales

Si se dispone de múltiples indicadores, los modelos de ecuaciones estructurales constituyen la alternativa natural a la regresión mínimo cuadrática. Si una o ambas de las variables que interactúan son nominales, puede utilizarse el planteamiento multigrupo que hemos repasado en el capítulo 7. En este caso, el mismo modelo se aplicaría a los grupos que definen las distintas combinaciones de valores de los regresores nominales, y se determinaría el efecto de la interacción en función de las diferencias entre los grupos de las estimaciones del coeficiente de regresión de la variable que interactúa. El problema inherente a este procedimiento es el gran tamaño de muestra que requiere.

En 1984, Kenny y Judd propusieron una posible especificación para modelar el efecto de la interacción para variables continuas que interactúan multiplicativamente, conocida como producto de indicadores. La aproximación de Kenny y Judd, más parca que la multigrupo, requiere que cada variable latente tenga al menos dos indicadores observables, e implica construir múltiples indicadores mediante los productos cruzados de las variables observables. Estos productos son los que posteriormente se utilizan como indicadores de la interacción latente. En nuestro caso, dado que f_1 tiene como indicadores v_1 y v_2 y f_2 tiene v_3 y v_4, los indicadores producto posibles serían v_1v_3, v_1v_4, v_2v_3 y v_2v_4. Kenny y Judd demostraron utilizando álgebra simple, que los parámetros de medición asociados a la interacción latente podían derivarse a partir de los asociados a los efectos principales.

Desde el artículo seminal de Kenny y Judd se han propuesto diferentes estrategias, bien para su desarrollo, bien como planteamientos alternativos. Las distintas estrategias aparecidas pueden clasificarse conceptualmente según se lleven a cabo:

1) en dos etapas (Coenders, Bisbe, Saris y Batista-Foguet, 2003; Jöreskog, 2000; Mathieu, Tannenbaum y Salas, 1992; Ping, 1995, 1996; Schumacker, 2002). En la primera, y basándose

en los indicadores de los efectos principales, estiman los valores de determinados parámetros del modelo de medida o, alternativamente, las puntuaciones factoriales para después utilizarlas en el cálculo del factor de la interacción en la segunda etapa.

2) en una etapa, pero sirviéndose de mínimos cuadrados bietápicos (Bollen y Paxton, 1998), que conducen a estimaciones pobres, ya que el procedimiento de estimación es de información limitada (Moulder y Algina, 2002).
3) en una etapa, pero sirviéndose de estimación máximo verosímil (Jaccard y Wan, 1995; Jöreskog y Yang, 1996), que estima el modelo completo –estructural y de medida– así como el término de interacción. Estas aproximaciones requieren especificar restricciones no lineales, muchas de ellas basadas en la normalidad de los indicadores de los efectos principales. Por añadidura, estas restricciones son altamente complejas y aumentan su número con el número de indicadores producto utilizados y con la inclusión de la estructura de medias en el modelo. A fin de reducir el número de restricciones, Jöreskog y Yang y sus desarrollos posteriores, Yang-Jonsson (1998) y Yang-Wallentin y Jöreskog (2001) se sirven de un único indicador producto para la interacción latente e incluyen la estimación de la estructura de medias y covarianzas, mientras que Jaccard y Wan se sirven de todos los indicadores producto posibles, pero sólo analizan la estructura de covarianzas. Ambas aproximaciones requieren programas para la estimación de modelos de ecuaciones estructurales que permitan introducir restricciones no lineales en su especificación. LISREL dispone de esta posibilidad, pero la mayoría de los demás programas todavía no.

En lo que sigue, nos centraremos en esta última aproximación, porque las aproximaciones en dos etapas y las que se basan en información limitada se apartan, de hecho, del contexto específico de los modelos de ecuaciones estructurales, dificultando la obtención de los errores estándar y de los índices de diagnóstico propios de estos modelos.

Dentro de esta última aproximación máximo verosímil en una etapa y siguiendo a Batista-Foguet, Coenders y Saris (2004), proponemos una notable simplificación y generalización consistente en:

1) Omitir la mayoría o todas las restricciones no lineales. Debido a la complejidad de estas restricciones, las aplicaciones prácticas de la técnica escasean aún 20 años después del trabajo de Kenny y Judd. El precio a pagar puede ser un pequeño aumento de los errores estándar debido a la pérdida de parquedad, pero a cambio dejamos de depender del supuesto de normalidad.
2) Extender el planteamiento uniecuacional al multiecuacional, lo que permite que varias variables sean dependientes y que existan relaciones indirectas.
3) Omitir la estructura de medias.
4) Incluir una parte de los indicadores producto posibles, ni uno ni todos. Considerarlos todos lleva a dependencia entre errores de medición entre pares de indicadores que comparten alguna variable. Considerar sólo uno de los indicadores puede llevar a que los resultados dependan del indicador escogido, sobretodo en muestras pequeñas o si los indicadores no son congenéricos (Ver capítulo 11) y aumenta el número de restricciones no lineales necesarias para la identificación del modelo.

9.3. Especificación del modelo para la interacción de Jöreskog y Yang. Ecuación única, indicador único y estructura de medias

Hasta el momento la interacción latente se ha especificado en el modelo cuya componente estructural ilustra la figura 9.1. El carácter endógeno y exógeno de algunas variables cambiará en las distintas secciones de este capítulo. A fin de evitar que cambios en la notación dificulten al lector la comparación de los distintos modelos, a partir de ahora, a efectos de notación, consideramos todas las variables como endógenas, lo que por otro lado es necesario para estimar algunos de estos modelos con LISREL. En términos de notación desaparecen los parámetros ϕ que quedan substituidos por ψ.

El modelo se representa por la ecuación 9.1. En esta aproximación, las tres variables f_1, f_2 y f_3 son exógenas (notación aparte) con varianzas ψ_{kk} y covarianzas ψ_{kl}, y aun cuando f_1 y f_2 están centradas, f_3 no lo está. Así que deberemos considerar otros parámetros en el modelo, tales como: $E(f_3) = \alpha_3$ y $Var(d_4) = \psi_{44}$.

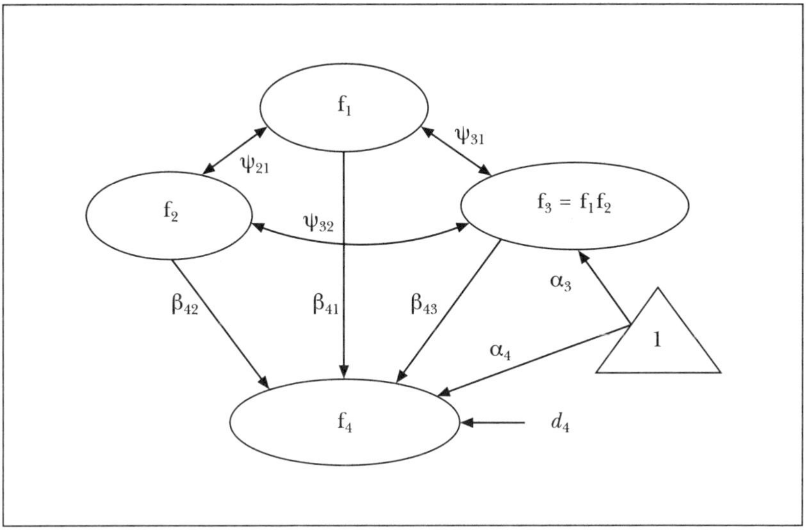

FIGURA 9.1. *Modelo de ecuación única para el efecto de interacción.*

Asumamos que todas las variables latentes tienen (al menos) dos indicadores. La especificación de la componente de medida del modelo depende de la aproximación escogida. Situémonos de partida en la del indicador único que Jöreskog y Yang (1996) propusieron:

$$
\begin{aligned}
v_1 &= \tau_1 + \lambda_{11} f_1 + e_1 \\
v_2 &= \tau_2 + \lambda_{21} f_1 + e_2 \\
v_3 &= \tau_3 + \lambda_{32} f_2 + e_3 \\
v_4 &= \tau_4 + \lambda_{42} f_2 + e_4 \\
v_5 &= \tau_5 + \lambda_{51} f_1 + \lambda_{52} f_2 + \lambda_{53} f_3 + e_5 \\
v_7 &= f_4 + e_7 \\
v_8 &= \tau_8 + \lambda_{84} f_4 + e_8
\end{aligned}
\tag{9.3}
$$

donde $v_5 = v_1 v_3$ es el producto de dos indicadores que, por sencillez, utilizamos para fijar la escala de los factores principales latentes de modo que $\lambda_{11} = \lambda_{32} = 1$.

Consideramos que las varianzas, $\mathrm{Var}(e_j) = \theta_{jj}$, constituyen parámetros adicionales de este modelo de medida; los errores de medida, $e_1 - e_8$ son mutuamente independientes (no sólo incorrelacionados) e independientes de f_1, f_2, y d_4; además, este término de error, d_4 es independiente de f_1 y f_2.

Estos supuestos permitirán descomponer los valores esperados, varianzas y covarianzas del indicador producto, y derivar restricciones no-lineales, asociadas a parámetros previos. De este modo, un solo indicador producto permitirá que el modelo esté identificado, porque implicará estimar pocos parámetros adicionales. Así, el indicador producto, v_5, puede obtenerse como:

$$v_5 = v_1 v_3 = (\tau_1 + f_1 + e_1)(\tau_3 + f_2 + e_3) = \tau_1\tau_3 + \tau_3 f_1 + \tau_1 f_2 + f_3 + e_5 \tag{9.4}$$

donde: $$e_5 = \tau_3 e_1 + \tau_1 e_3 + f_1 e_3 + f_2 e_1 + e_1 e_3 \tag{9.5}$$

Al identificar la ecuación 9.4 con su correspondiente en la 9.3, se derivan las siguientes restricciones:

$$\begin{aligned} \tau_5 &= \tau_1\tau_3 \\ \lambda_{51} &= \tau_3 \\ \lambda_{52} &= \tau_1 \\ \lambda_{53} &= 1 \end{aligned} \tag{9.6}$$

y podemos obtener las varianzas y covarianzas en función de parámetros previamente establecidos:

$$\begin{aligned} \theta_{55} &= \mathrm{Var}(e_5) = \mathrm{Var}(\tau_3 e_1 + \tau_1 e_3 + f_1 e_3 + f_2 e_1 + e_1 e_3) = \\ &= \tau_3^2\,\mathrm{Var}(e_1) + \tau_1^2\,\mathrm{Var}(e_3) + \mathrm{Var}(f_1)\mathrm{Var}(e_3) + \mathrm{Var}(f_2)\mathrm{Var}(e_1) + \mathrm{Var}(e_1)\mathrm{Var}(e_3) = \\ &= \tau_3^2\theta_{11} + \tau_1^2\theta_{33} + \psi_{11}\theta_{33} + \psi_{22}\theta_{11} + \theta_{11}\theta_{33} \end{aligned} \tag{9.7}$$

$$\begin{aligned} \theta_{51} &= \mathrm{E}(e_5 e_1) = \tau_3\mathrm{E}(e_1 e_1) = \tau_3\,\theta_{11} \\ \theta_{53} &= \mathrm{E}(e_5 e_3) = \tau_1\mathrm{E}(e_3 e_3) = \tau_1\,\theta_{33} \end{aligned} \tag{9.8}$$

Aunque $\mathrm{E}(f_1) = \mathrm{E}(f_2) = 0$, el valor esperado de la interacción latente es:

$$\alpha_3 = \mathrm{E}(f_3) = \mathrm{E}(f_1 f_2) = \mathrm{Cov}(f_1 f_2) = \psi_{21} \tag{9.9}$$

y su varianza se expresa a partir de las varianzas y covarianzas de los factores de los efectos principales, siempre que pueda asumirse que éstos tienen una distribución normal bivariante (Anderson, 1984):

$$\psi_{33} = \mathrm{Var}(f_3) = \mathrm{Var}(f_1 f_2) = \mathrm{Var}(f_1)\mathrm{Var}(f_2) + \mathrm{Cov}^2(f_1 f_2) =$$
$$= \psi_{11}\psi_{22} + \psi_{21}^2 \tag{9.10}$$

$$\mathrm{Cov}(f_3 f_2) = \psi_{32} = 0 \;;\; \mathrm{Cov}(f_3 f_1) = \psi_{31} = 0 \tag{9.11}$$

De hecho, si los factores padecen serias desviaciones de la normalidad, la varianza y las covarianzas del producto latente pueden diferenciarse mucho de las ecuaciones 9.10 y 9.11 (Rigdon, Schumacker y Whotke, 1998). La inclusión de dichas restricciones bajo no normalidad representaría un error de especificación y como tal causaría sesgo en las estimaciones, incluso usando métodos de contraste robustos a la no normalidad. Afortunadamente, las restricciones 9.10 y 9.11 no son necesarias para la identificación, con lo que no vamos a considerarlas de ahora en adelante, para evitar tan indeseables consecuencias.

Incluso con la omisión de las ecuaciones 9.10 y 9.11, esta especificación debida a Jöreskog y Yang incluye, como acabamos de ver, multitud de restricciones muy complejas que han disuadido de su uso a los investigadores aplicados. En las secciones que siguen proponemos una serie de simplificaciones.

9.4. Primera simplificación. Eliminación de la estructura de medias

Las expresiones anteriores pueden simplificarse en gran medida si, como sugieren Jaccard y Wan (1995) y Cortina, Chen y Dunlap (2002), se ignora la estructura de medias, lo que supone centrar los indicadores, $v_1 - v_4$, antes de calcular el indicador producto, y utilizar sólo la matriz de covarianzas para estimar el modelo (así, centramos de nuevo v_5 una vez calculado). Esta práctica tiene ciertas ventajas: evita problemas de no-convergencia de la solución (Algina y Moulder, 2001); reduce la complejidad inherente a estos modelos porque se reduce el número de restricciones; y evita problemas de multicolinealidad (ver Li *et al.*, 1998; y el apéndice de Irwin y McClelland, 2001).

Con indicadores centrados: todos los parámetros τ y α son cero, por lo que $\lambda_{51} = \lambda_{52} = 0$ y $\theta_{51} = \theta_{53} = 0$. Así que, la ecuación 9.6 se reduce a $\lambda_{53} = 1$, las ecuaciones 9.8 y 9.9 desaparecen y la ecuación 9.7 ahora será:

$$\theta_{55} = \psi_{11}\theta_{33} + \psi_{22}\theta_{11} + \theta_{11}\theta_{33} \quad (9.7b)$$

La restricción 9.7.b es la única que se precisa ahora. Además, si nos servimos de un segundo indicador producto, veremos en la próxima sección que ni tan siquiera ésta es necesaria. La eliminación total de las restricciones no lineales permitirá realizar de un modo sencillo la extensión a modelos más complejos con más de una ecuación.

9.5. Especificación de la interacción con dos indicadores producto y extensión del modelo a un sistema simultáneo de ecuaciones estructurales

Hasta el momento, siguiendo la estrategia de los modelos de regresión, los modelos de ecuaciones estructurales han planteado una única ecuación para modelar la interacción, considerando a los regresores que interactúan como variables latentes exógenas (Cortina *et al.*, 2002; Li *et al.*, 1998; Moulder y Algina, 2002; Schumacker 2002; Schumacker y Marcoulides, 1998). Una excepción la encontramos en Batista-Foguet, Coenders, Saris y Bisbe (2004), cuya formulación permite estimar efectos directos, indirectos y de interacción simultáneamente.

Así, en nuestro ejemplo analizamos el efecto de la *orientación hacia valores medioambientales* (f_1) sobre la *capacidad percibida de influir en la política* (f_2), y sobre la *conducta del consumidor respetuosa con el medio ambiente* (f_4), lo que conduce a añadir la ecuación 9.2 y a formular las siguientes hipótesis:

1) Hipótesis 1: Cuanto mayor es la *orientación hacia valores medioambientales*, mayor es la *percepción de la capacidad de influir*, lo que equivale a establecer que β_{21} en la ecuación 9.2 es mayor que 0.
2) Hipótesis 2: Cuanto mayor es la *percepción de la capacidad de influir*, más respetuosa es la *conducta del consumidor con el medio ambiente*. Las hipótesis 1 y 2 implican conjuntamente un efecto indirecto de la *orientación hacia valores medioambientales* sobre la *conducta del consumidor respetuosa con el medio ambiente*.
3) Hipótesis 3: Se espera que la *orientación hacia valores medioambientales* tendrá mayor efecto sobre la *conducta del consumi-*

dor con el medio ambiente, si éste percibe su *capacidad de influir* como elevada, lo que implica la necesidad de incluir un término de interacción f_3, cuyo efecto β_{43} debería ser positivo.
4) Hipótesis 4: Se espera también que la *orientación hacia valores medio-ambientales* tenga un efecto directo sobre la *conducta del consumidor*.

Todas estas hipótesis se recogen en el modelo de la figura 9.2. Dado que además queremos estimar efectos indirectos en el mismo modelo, esta figura especifica un sistema simultáneo de ecuaciones que incluye tanto a éstos como a los directos y a los moderadores en el mismo modelo.

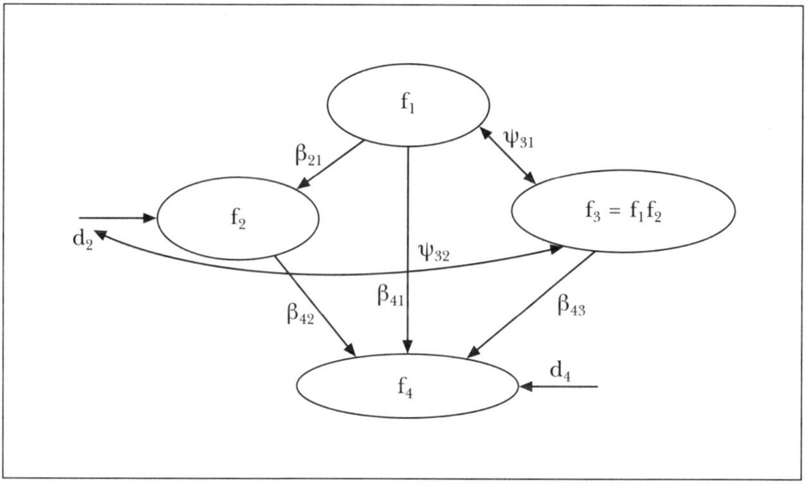

FIGURA 9.2. *Modelo incluyendo efectos directo, indirecto y de la interacción simultáneamente.*

La parte estructural del modelo incluye las ecuaciones 9.1 y 9.2 (sin constantes α_2 y α_4). Nótese que aunque las hipótesis 2 y 4 no fuesen ciertas, los efectos principales β_{41} y β_{42} deberían incluirse en esta ecuación, puesto que la exclusión de los efectos principales puede conducir a estimar incorrectamente el efecto de la interacción, según mencionábamos en el apartado 9.1. Al contrario que en la sección 9.3, ahora ψ_{32} no es la covarianza entre f_2 y f_3 sino entre d_2 y f_3; además, necesariamente desaparecerá ψ_{21} al considerarse β_{21} en su lugar. El modelo estima también la relación entre f_1 y f_2 además de los efectos, directo e indirecto, de f_1 a f_4. Los supuestos de esta reespecificación coinciden con los de la sección 9.3 añadiendo el de pseudoaislamiento que estipula que d_2 está incorrelacionado con f_1.

La principal diferencia con la especificación de la sección 9.3 es que ahora las varianzas y covarianzas de los factores latentes f_1 y f_2 dejan de ser parámetros del modelo para convertirse en funciones de otros parámetros del modelo que permiten derivarlos mediante path analysis como vimos en el capítulo 3 de Batista-Foguet y Coenders (2000). En particular, para la varianza de f_2:

$$\mathrm{Var}(f_2) = \psi_{22} + \beta_{21}^2 \psi_{11} \tag{9.12}$$

En lo referente a la componente de medida del modelo, a diferencia de Jöreskog y Yang (1996), proponemos especificar dos indicadores producto para la interacción. Teniendo en cuenta que los datos están centrados, estos indicadores se expresan como:

$$\begin{aligned} v_5 &= f_3 + e_5 \\ v_6 &= \lambda_{63} f_3 + e_6 \end{aligned} \tag{9.13}$$

donde, como antes $v_5 = v_1 v_3$, pero ahora además junto a $v_6 = v_2 v_4$, constituyen dos indicadores independientes porque no comparten ninguna variable (podríamos asimismo utilizar: $v_1 v_4$ y $v_2 v_3$), y, análogamente que en la ecuación 9.4 pero con los datos centrados, ahora v_6 se descompone como:

$$\begin{aligned} v_6 &= v_2 v_4 = (\lambda_{21} f_1 + e_2)(\lambda_{42} f_2 + e_4) = \\ &= \lambda_{21}\lambda_{42} f_3 + \lambda_{21} f_1 e_4 + \lambda_{42} f_2 e_2 + e_2 e_4 = \lambda_{21}\lambda_{42} f_3 + e_6 \end{aligned} \tag{9.14}$$

con lo que:

$$\lambda_{63} = \lambda_{21}\lambda_{42} \tag{9.15}$$

Las covarianzas del error de medida de la interacción con los efectos principales vuelven a ser cero, puesto que se han centrado los datos, y la covarianza del error de medida de ambos indicadores de la interacción también es cero, gracias a la selección de indicadores independientes formados por pares no solapados:

$$\theta_{62} = \theta_{64} = \theta_{51} = \theta_{53} = \theta_{65} = 0 \tag{9.16}$$

Si se substituye la ecuación 9.7b la nueva expresión de $Var(f_2)$ en 9.12 y se añade θ_{66}:

$$\begin{aligned}\theta_{55} &= \psi_{11}\theta_{33} + (\beta_{21}^{\,2}\psi_{11} + \psi_{22})\theta_{11} + \theta_{11}\theta_{33} \\ \theta_{66} &= \lambda_{21}^2\psi_{11}\theta_{44} + (\beta_{21}^{\,2}\psi_{11} + \psi_{22})\lambda_{42}^2\theta_{22} + \theta_{22}\theta_{44}\end{aligned} \tag{9.7c}$$

Como ya hemos dicho, si usamos un indicador único sólo se requiere la primera línea de la restricción 9.7c para que el modelo esté identificado. Aunque esta restricción no se basa en la normalidad, aumenta su complejidad debido al desarrollo de $Var(f_2)$ en la ecuación 9.12. Si el número de variables endógenas y efectos indirectos aumentara, la complejidad de esta restricción se tornaría inmanejable.

Según la parametrización con dos indicadores, ninguna de las restricciones es necesaria para la identificación, aunque puede incluirse la 9.15 si se desea, puesto que no aumenta su complejidad con el número de efectos indirectos o variables endógenas.

9.6. Resultados

El tamaño de la muestra en nuestro estudio es de 435, y los valores ausentes se han imputado (véase el apartado 6.2) tras eliminar aquellos individuos con cuatro o más valores ausentes sobre las 6 variables descritas en la sección 9.1.

Las distribuciones de los indicadores de los efectos principales son claramente no normales. Su máxima asimetría es 0,75 para v_4 y su máxima kurtosis es −0,92 para v_1. En consecuencia, somos remisos a incluir en la especificación del modelo aquellas restricciones que asuman normalidad. De hecho, mostraremos las ventajas de nuestra propuesta comparando los siguientes modelos con: (a) un indicador único y estructura de covarianzas sólo con la primera línea de la restricción 9.7c, compleja, aunque no requiere normalidad; (b) dos indicadores para la interacción y las restricciones 9.15 y 9.7c que no requieren normalidad; (c) dos indicadores para la interacción y la restricción 9.15 que no requiere normalidad y además es muy simple; (d) dos indicadores para la interacción sin restricciones. Los archivos de sintaxis LISREL para los análisis (a) y (b) se encuentran en las figuras 9.3 y 9.4.

```
ANALISIS A
DA NI=10 NO=435
LA
V3 V4 V1 V2 V5_V1V3 V6_V2V4 V5_V1V4 V6_V2V3 V7 V8
CM FI=INP4.CM
AC FI=INP4.AC
SE
V1 V2 V3 V4 V5_V1V3 V7 V8/
MO NY=7 NE=4 LY=FU,FI TE=DI,FR PS=SY,FI BE=FU,FI
LE
VALORES INFLUEN INTERAC COMPORT
FR LY 2 1 LY 4 2 LY 7 4
FR BE 2 1 BE 4 1 BE 4 2 BE 4 3
FR PS 1 1 PS 2 2 PS 3 3 PS 4 4 PS 3 1 PS 3 2
VA 1 LY 1 1 LY 3 2 LY 5 3 LY 6 4
ST 1 LY 2 1 LY 4 2 LY 7 4
CO TE(5,5)=PS(1,1)*TE(3,3)+PS(2,2)*TE(1,1)+ C
BE(2,1)**2*PS(1,1)*TE(1,1)+TE(3,3)*TE(1,1)
OU ML WP IT=300 ND=3
```

FIGURA 9.3. *Sintaxis LISREL para el análisis (a). Debe notarse que sólo existen 7 variables, con lo que las filas 7 y 8 de las matrices* $\mathbf{\Lambda}$ y $\boldsymbol{\theta}$ pasan a ser la 6 y la 7. *"C" al final de la línea CO indica una línea larga partida en dos.*

Ya que no asumimos normalidad de los indicadores originales, requerimos errores estándar y contrastes robustos, tal como se explica en Batista-Foguet y Coenders (2000). Debe notarse aquí que aún cuando los indicadores originales fueran normales, los indicadores producto no lo serían, con lo que los mencionados contrastes robustos son necesarios bajo cualquier circunstancia. Este es el motivo que nos ha llevado a usar imputación en lugar de máxima verosimilitud directa con datos que faltan al azar, método para el cual los contrastes robustos aún no están disponibles en LISREL.

La tabla 9.1 presenta las estimaciones y errores estándar de parámetros seleccionados y algunos índices de ajuste de los modelos (a) a (d).

Se espera que la inclusión de restricciones adicionales reducirá los errores estándar, pero es obvio que algunas resultan impracticables para grandes modelos, con lo que en la secuencia (b) (c) y (d) los análisis serían cada vez menos complejos pero también me-

```
ANALISIS B
DA NI=10 NO=435
LA
V3 V4 V1 V2 V5_V1V3 V6_V2V4 V5_V1V4 V6_V2V3 V7 V8
CM FI=INP4.CM
AC FI=INP4.AC
SE
V1 V2 V3 V4 V5_V1V3 V6_V2V4 V7 V8/
MO NY=8 NE=4 LY=FU,FI TE=DI,FR PS=SY,FI BE=FU,FI
LE
VALORES INFLUEN INTERAC COMPORT
FR LY 2 1 LY 4 2 LY 6 3 LY 8 4
FR BE 2 1 BE 4 1 BE 4 2 BE 4 3
FR PS 1 1 PS 2 2 PS 3 3 PS 4 4 PS 3 1 PS 3 2
VA 1 LY 1 1 LY 3 2 LY 5 3 LY 7 4
ST 1 LY 2 1 LY 4 2 LY 6 3 LY 8 4
CO LY(6,3) = LY(2,1)*LY(4,2)
CO TE(5,5) = PS(1,1)*TE(3,3)+PS(2,2)*TE(1,1)+ C
BE(2,1)**2*PS(1,1)*TE(1,1)+TE(3,3)*TE(1,1)
CO TE(6,6) = LY(2,1)**2*PS(1,1)*TE(4,4)+LY(4,2)**2*PS(2,2)*TE(2,2)+ C
LY(4,2)**2*BE(2,1)**2*PS(1,1)*TE(2,2)+TE(4,4)*TE(2,2)
OU ML WP IT=300 ND=3
```

FIGURA 9.4. *Sintaxis LISREL para el análisis (b). La sintaxis del análisis (c) se obtiene borrando la segunda y tercera línea CO. La del análisis (d) borrando todas las líneas CO. "C" al final de las líneas CO indica líneas largas partidas en dos.*

nos eficientes. Como hemos mencionado, la inclusión de restricciones que requieren normalidad, en caso de violarse ésta, afectaría a la consistencia de los estimadores y no sólo a la eficiencia. En cualquier caso, ninguno de los cuatro análisis considerados incluye ese tipo de restricciones.

También se espera que, para unas mismas restricciones, la adición de indicadores adicionales de la interacción tenderá a reducir los errores estándar. El análisis (b) tendría así que ser más eficiente que el (a).

Esperamos que el modelo que utiliza dos indicadores y la restricción 9.15 represente el compromiso más acertado (análisis c) al compensar su menor número de restricciones, respecto al análisis tradicional (a), con su mayor número de indicadores.

TABLA 9.1. *Resultados de cuatro análisis alternativos**.

Parámetro/índice	(a)	(b)	(c)	(d)
β_{43}	,213	,201	,202	,191
e.e β_{43}	,057	,055	,057	,067
β_{42}	,482	,485	,486	,488
e.e β_{42}	,068	,069	,068	,068
β_{41}	-,158	-,161	-,161	-,161
e.e β_{41}	,034	,033	,034	,033
β_{21}	-,009	-,010	-,010	-,009
e.e. β_{21}	,036	,037	,037	,036
Satorra-Bentler χ^2	9,86	14,86	13,95	13,61
g.l.	10	18	16	15
p-valor	,453	,671	,602	,555
RMSEA	,00	,00	,00	,00
90% IC para RMSEA	,00; ,052	,00; ,035	,00; ,039	,00; ,042
PSRMR	,036	,027	,029	,030

* fijando θ_{11} a cero, dado que es negativo y no significativo en los cuatro modelos.

Como muestran los valores del estadístico χ^2 robusto de Satorra y Bentler, el RMSEA y el PSRMR, el ajuste de todos los modelos es suficientemente bueno como para proceder a comparar las estimaciones que proporcionan.

Lo primero que se aprecia a primera vista es que, en general, las diferencias no son considerables, por lo que los modelos más fáciles de especificar, como los de los análisis (c) y (d), ambos con dos indicadores y con simples restricciones o sin ellas, pueden utilizarse en lugar de modelos más sofisticados como el de Jöreskog y Yang (1996).

En un análisis más detallado, podríamos decir que, el añadir restricciones a un modelo dado no reduce apreciablemente los errores estándar, con lo que no se compensa el aumento de la complejidad que aquellas introducen. Realmente, los errores estándar del análisis (c) no son generalmente mayores que los de otros análisis que incluyen restricciones más complejas (a y b). La introducción de indicadores adicionales proporciona grados de libertad que parecen paliar la omisión de las restricciones.

9.7. Interpretación del modelo

La interpretación de los efectos indirectos y de la interacción se ha discutido en Batista-Foguet *et al.* (2004). El efecto de f_2 sobre f_4, condicionado por los diferentes valores de f_1, puede obtenerse a partir del valor esperado de la expresión

$$E(f_4) = \beta_{41}f_1 + \beta_{42}f_2 + \beta_{43}f_1f_2 \qquad (9.17)$$

como la derivada parcial de $E(f_4)$ respecto de f_2.

$$\frac{\partial E(f_4)}{\partial f_2} = \beta_{42} + \beta_{43}f_1 \qquad (9.18)$$

Además del efecto directo, esta ecuación también ilustra el efecto típico de la interacción, en donde el efecto de f_2 sobre f_4 depende del valor de f_1, de manera que sólo se interpreta el efecto principal β_{42} cuando el valor de la otra variable es cero. Dado que f_1 y f_2 son factores centrados, β_{42} puede interpretarse más fácilmente como el efecto de *percepción de la capacidad de influir* para el valor medio de la *orientación hacia valores medioambientales.*

Para evaluar el efecto de f_1, deberemos tener en cuenta su relación con f_2, así:

$$\frac{\partial E(f_2)}{\partial f_1} = \beta_{21} \qquad (9.19)$$

y la derivada parcial de la ecuación 9.17, ahora respecto a f_1, proporciona el efecto total de f_1 sobre f_4 como:

$$\frac{\partial E(f_4)}{\partial f_1} = \beta_{41} + \beta_{42}\beta_{21} + \beta_{43}(f_2 + \beta_{21}f_1) \qquad (9.20)$$

Esta ecuación explicita un efecto directo (principal) β_{41}, uno indirecto $\beta_{42}\beta_{21}$, y el de la interacción $\beta_{43}f_2$, además de un efecto combinado de interacción-indirecto $\beta_{43}\beta_{21}f_1$. Si omitimos todos los términos que conciernen al efecto indirecto nos quedaríamos con el efecto principal y el de la interacción $(\beta_{41} + \beta_{43} f_2)$, como es habitual en un sistema uniecuacional.

Debe tenerse en cuenta que en este tipo de modelos las estimaciones estandarizadas no pueden interpretarse, porque al estandarizar f_3, éste dejaría de ser igual al producto $f_1 f_2$.

Basamos nuestra interpretación a partir de aquí en el análisis (c). La figura 9.5 ilustra la interpretación del efecto total no estandarizado de f_2 en f_4, según la ecuación 9.18, como el efecto directo (β_{42}) más el efecto de la interacción $(\beta_{43} f_1)$. De este modo, cada unidad adicional en la *percepción de la capacidad de influir* (f_2) implica un aumento en el valor esperado de la *conducta del consumidor respetuosa con el medio ambiente* (f_4) de (0,486 + 0,202 = 0,688), asumiendo que la variable *orientación hacia valores medioambientales* (f_1) sea por ejemplo igual a 1.

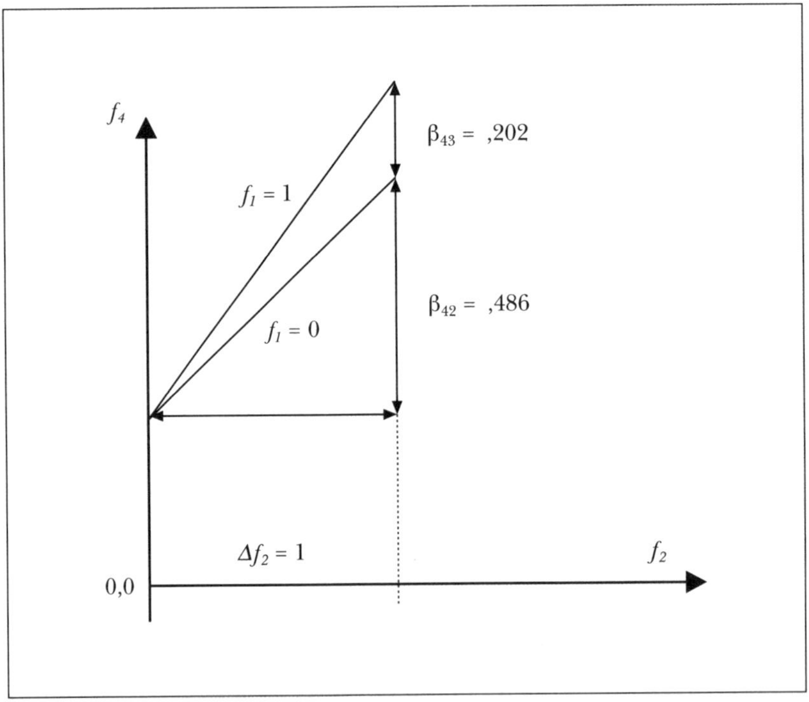

FIGURA 9.5. *Descomposición del efecto total de la "percepción de la capacidad de influir", en la "conducta del consumidor respetuosa con el medio ambiente" según el análisis (c).*

Para evaluar las hipótesis 2 y 4, que relacionan los efectos principales de f_1 y f_2 en la f_4, estos efectos principales deben calcularse de acuerdo con las ecuaciones 9.18 y 9.20, y por tanto están condicionados por los posibles valores del otro factor. Para representar este recorrido, hemos considerado los percentiles 5, 25, 50, 75 y 95 de los ítems, v_1 y v_3, centrados, que se han utilizado para fijar la escala de f_1 y f_2 respectivamente.

TABLA 9.2. *Efectos principales condicionales en conducta del consumidor respetuosa con el medio ambiente.*

Percentil	5	25	50	75	95
Condicionado en f_1 =	-1,35	-1,35	-0,35	0,65	2,50
Ecuación 9.18 (Hipótesis 2). Efecto total condicional de f_2 sobre f_4	,213	,213	,415	,617	,991
Condicionado en f_2 =	-1,42	-1,42	0,58	0,58	1,58
Ecuación 9.20 (Hipótesis 4). Efecto total condicional de f_1 sobre f_4	-,453 -,002f_1	-,453 -,002f_1	-,049 -,002f_1	-,049 -,002f_1	,153 -,002f_1

La tabla 9.2 muestra claramente en qué medida el efecto de cada factor sobre la *conducta del consumidor con el medio ambiente* podría diferir al variar los valores del otro factor. Por ejemplo, f_1 puede tener incluso efectos negativos para valores reducidos de f_2, mientras que la magnitud de los efectos es considerable cuando f_2 toma valores elevados.

Este ejemplo ilustra nuestra propuesta para especificar la interacción con un modelo simple que al menos incluía dos indicadores y sin restricciones complejas. No obstante, dicha propuesta puede emplearse para cualquier modelo de ecuaciones estructurales que incluya uno o más términos de interacción en cualquier parte del modelo.

10

MODELOS PARA DATOS DE PANEL: CURVAS DE CRECIMIENTO LATENTES. TERCER EJEMPLO

10.1. Datos y definición del problema

Este ejemplo corresponde a un campo que resulta de la intersección entre la economía y la psicología, en lo que se conoce como psicología económica, disciplina sobre la que incluso existe una revista especializada, "Journal of Economic Psychology, Research in Economic Psychology and Behavioral Economics" de ELSEVIER. La pregunta a la que pretende dar respuesta es si el dinero trae la felicidad, es decir, si la situación financiera y la calidad de vida subjetiva están correlacionadas. Para una revisión del tema ver Schyns (2003). Nos basamos en datos de satisfacción con la vida en general y satisfacción con la situación financiera en el hogar, medidos en encuestados según su propia percepción, en una escala de 1 (nada satisfecho) a 10 (muy satisfecho).

Los datos de que se dispone corresponden al panel Russet (Russian socioeconomic transition panel), y se recogieron en distintos períodos: otoño de 1993, 1994 y 1995, primavera de 1997 y otoño de 1997, 1998 y 1999. El tamaño de muestra inicial fue de 3728, pero debido a abandonos se redujo progresivamente. Para compensar este hecho, en otoño de 1997 se entrevistó a una muestra fresca de 2232 individuos que en otoño de 1998 se añadió al panel inicial (por lo tanto, la recogida de datos de otoño de 1997 no es realmente de panel y la omitimos del análisis). El diseño muestral, por conglomerados polietápico, se basó en unidades geográficas administrativas. Para más información ver http://users.fmg.uva.nl/wsaris/. Tal como se ve en la tabla 10.1, el problema de datos ausentes es notable. Sólo una pequeña proporción del total de los sujetos ha contestado a todas las preguntas en todas las oleadas del panel. Este problema es común a todos los estudios con datos de panel.

El interés de los datos viene del hecho que el panel incluye una época de cambios tremendos en las condiciones de vida de los ciudadanos de la Federación Rusa. Si nos fijamos en la tabla 10.1, la satisfacción media con la vida en general y con las finanzas oscila de forma notable de un año a otro, teniendo en cuenta que los datos son de panel y por tanto los individuos son esencialmente los mismos. El contraste no paramétrico de Friedman para datos apareados de la igualdad de las distribuciones a lo largo de los 6 períodos conduce a rechazar claramente la hipótesis nula (finanzas: $\chi^2 = 102{,}8$ con 5 g.l.; vida en general: $\chi^2 = 132{,}5$ con 5 g.l., calculados sobre los individuos que completaron todas las oleadas). El gráfico de la figura 10.1 muestra, de forma más clara, la evolución temporal de ambas variables. En él, puede observarse que el patrón de evolución medio seguido por ambas variables es parecido.

Estas trayectorias medias de la figura 10.1 están compuestas de multitud de trayectorias individuales, algunas incompletas, debido al problema de datos ausentes. La figura 10.2 ilustra algunas de ellas. Nos interesan aquí sobretodo las diferencias en nivel y en ritmo de variación. Por ejemplo, si nos fijamos en las dos curvas de

TABLA 10.1. *Estadísticos descriptivos.*

Variable	Oleada	N	Media
Satisfacción con las finanzas	otoño 93	3683	3,01
Satisfacción con las finanzas	otoño 94	2789	3,34
Satisfacción con las finanzas	otoño 95	2262	3,44
Satisfacción con las finanzas	primavera 97	2060	2,97
Satisfacción con las finanzas	otoño 98	3474	2,86
Satisfacción con las finanzas	otoño 99	2835	3,08
Satisfacción con la vida en general	otoño 93	3618	5,02
Satisfacción con la vida en general	otoño 94	2774	5,14
Satisfacción con la vida en general	otoño 95	2253	5,10
Satisfacción con la vida en general	primavera 97	2026	4,69
Satisfacción con la vida en general	otoño 98	3467	4,26
Satisfacción con la vida en general	otoño 99	2843	4,65
N válido (según lista)		898	

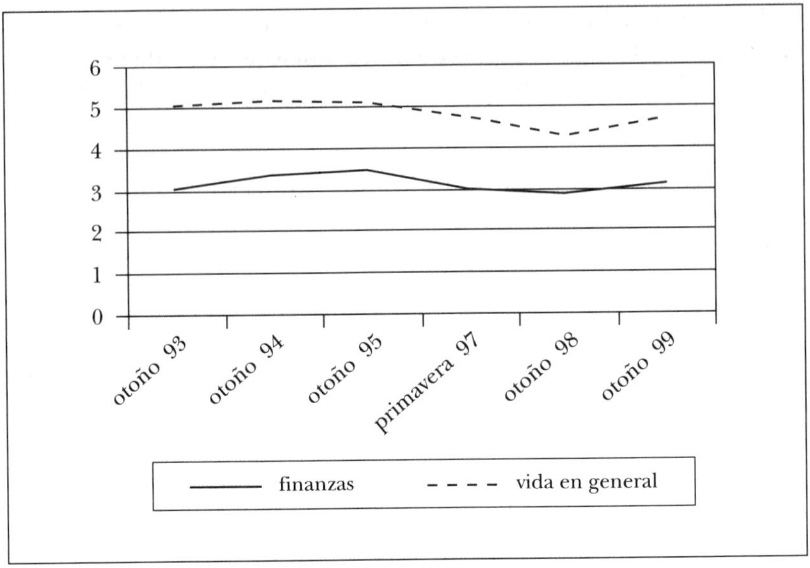

FIGURA 10.1. *Satisfacción media con la vida en general y la situación financiera.*

trazo más grueso de la figura 10.2, una continua la otra discontinua, vemos que la primera parte de un nivel más elevado mientras que la segunda tiene oscilaciones más pronunciadas.

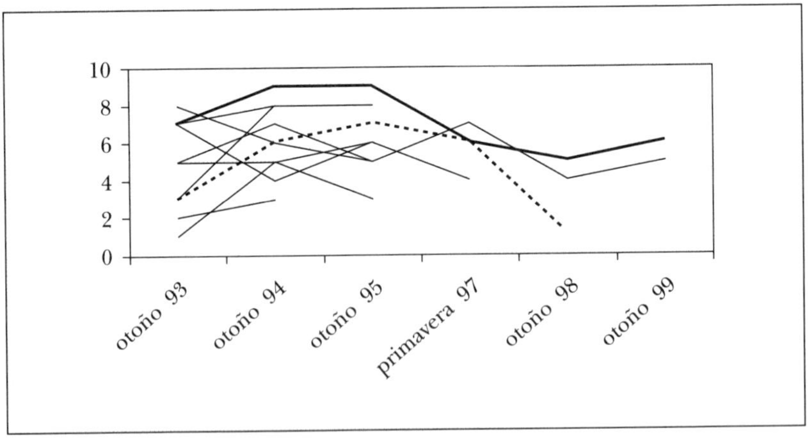

FIGURA 10.2. *Satisfacción con la vida en general de 10 individuos.*

En este capítulo vamos a ver un caso particular de modelos de ecuaciones estructurales que permiten recoger la evolución individual en el tiempo de una variable. Son los llamados modelos de curvas de crecimiento latentes desarrollados por McArdle y Epstein (1987), McArdle (1988), Meredith y Tisak (1990), Muthén (1997), Coenders, Espinet y Saez (2003) y Stoel (2003). Una introducción adecuada puede encontrarse en Duncan, Duncan, Strycker, Li y Alpert (1999). Este tipo de modelos está emparentado con los modelos lineales jerárquicos (Laird y Ware, 1982) e incluso dan resultados idénticos en los casos particulares en que coinciden (Hox, 2000). A pesar de estas semejanzas, la formulación como modelo de curvas de crecimiento latente tiene una serie de ventajas sobre la formulación lineal jerárquica (Raudenbush, 2001; Rovine y Molenaar, 2001) y es la que proponemos en este libro. Los modelos de curvas de crecimiento latentes se están aplicando de forma creciente en multitud de campos en los que interesa la evolución temporal de los individuos, como en psicología general (e.g. McArdle y Epstein, 1987), en educación (Willett y Sayer, 1993), en psicología evolutiva (Ghisletta y McArdle, 2001) y en medicina (Muthén, 2000).

10.2. El caso más sencillo. Curvas de crecimiento lineales

Supongamos que distintos individuos siguen un crecimiento lineal en la variable de interés, de modo que las trayectorias individuales serían más o menos como las de la figura 10.3. En nuestro ejemplo, las trayectorias son mucho más complejas (ver figura 10.1), pero empezamos por el caso lineal por su simplicidad. Los puntos en la figura 10.3, muestran los datos de dos individuos para 6 períodos de tiempo, así como sendas rectas (una continua y una discontinua) que ajustarían su evolución de forma lineal. Estas rectas constituirían rectas de regresión de la variable del eje vertical sobre el tiempo (eje horizontal) para cada uno de los individuos. El individuo en trazo continuo tiene una ordenada en el origen igual a 2 y una pendiente igual a 1, y el individuo en trazo discontinuo tiene una ordenada en el origen igual a 4 y una pendiente igual a 0,5, con lo que parte de un nivel más elevado pero crece a un menor ritmo.

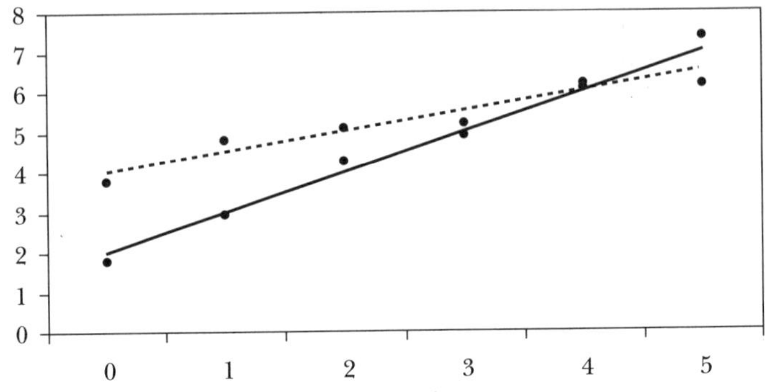

FIGURA 10.3. *Dos individuos hipotéticos con trayectoria lineal. Valores de cada período y ajuste lineal.*

Los modelos de curvas latentes de crecimiento lineales asumen que a cada individuo puede ajustársele una trayectoria lineal en el tiempo del tipo:

$$v_{ti} = a_i + b_i t + e_{ti} \tag{10.1}$$

donde i representa el individuo, t el tiempo, v_{ti} el valor de la variable de interés para el individuo i-ésimo en el instante t-ésimo, y el término de perturbación e_{ti} es la distancia vertical entre el punto v_{ti} y la recta ajustada para el individuo i-ésimo, $a_i + b_i t$. Cada individuo puede tener su propia ordenada en el origen y su propia pendiente. Para el conjunto de los individuos, tanto la pendiente como la ordenada en el origen se consideran variables aleatorias, que quedan representadas por la pendiente esperada, la ordenada en el origen esperada, la varianza de las pendientes, la varianza de las ordenadas en el origen, y la covarianza entre pendientes y ordenadas en el origen. De forma análoga a los modelos de regresión lineal sobre el tiempo, los modelos de curvas latentes de crecimiento también suelen asumir la independencia de los términos de perturbación. En otras palabras, el hecho de que un determinado individuo esté por encima o por debajo de su tendencia en un determinado período no permite predecir el que vuelva a estarlo en períodos posteriores.

La ordenada en el origen y la pendiente aleatoria se representan por medio de variables latentes. Sea f_{1i} al valor de la ordenada en el origen del individuo i-ésimo cuya media poblacional es α_1, y sea f_{2i} al valor de la pendiente del individuo i-ésimo cuya media poblacional es α_2. Entonces la trayectoria en el tiempo de dicho individuo es:

$$v_{ti} = f_{1i} + tf_{2i} + e_{ti} \tag{10.2}$$

y para el conjunto de los individuos, el promedio poblacional de las trayectorias es:

$$E(v_{ti}) = E(f_{1i} + tf_{2i} + e_{ti}) = \alpha_1 + t\alpha_2 \tag{10.3}$$

Sin pérdida de generalidad, si asumimos seis momentos del tiempo, el modelo puede formularse como el modelo de análisis factorial confirmatorio siguiente:

$$\begin{aligned} v_1 &= f_1 + e_1 \\ v_2 &= f_1 + f_2 + e_2 \\ v_3 &= f_1 + 2f_2 + e_3 \\ v_4 &= f_1 + 3f_2 + e_4 \\ v_5 &= f_1 + 4f_2 + e_5 \\ v_6 &= f_1 + 5f_2 + e_6 \end{aligned} \tag{10.4}$$

donde hemos omitido las ecuaciones triviales de f_1 y f_2. Los supuestos son:

$$\begin{vmatrix} f_1 \\ f_2 \\ e_1 \\ e_2 \\ \vdots \\ e_6 \end{vmatrix} \rightarrow N \left\| \begin{vmatrix} \alpha_1 \\ \alpha_2 \\ 0 \\ 0 \\ \vdots \\ 0 \end{vmatrix}, \begin{vmatrix} \phi_{11} & \phi_{21} & 0 & 0 & \dots & 0 \\ \phi_{21} & \phi_{22} & 0 & 0 & \dots & 0 \\ 0 & 0 & \theta_{11} & 0 & \dots & 0 \\ 0 & 0 & 0 & \theta_{22} & \dots & 0 \\ \vdots & \vdots & \vdots & \vdots & \ddots & 0 \\ 0 & 0 & 0 & 0 & 0 & \theta_{66} \end{vmatrix} \right\| \tag{10.5}$$

donde:

1) f_1 es una variable latente que contiene los valores individuales de la ordenada en el origen, es decir, los valores ajustados de cada individuo cuando $t=0$. Las saturaciones de f_1 están todas restringidas a la unidad.
2) α_1 es la ordenada en el origen esperada, es decir el valor esperado para $t=0$. La varianza de las ordenadas en el origen es ϕ_{11}.
3) f_2 es una variable latente que contiene los valores individuales de la pendiente, es decir, los crecimientos de cada individuo cuando t aumenta en una unidad. Las saturaciones de f_2 están todas restringidas a los valores de t. Lo habitual es empezar por $t=0$, de modo que f_1 y α_1 hacen referencia al primer período.
4) α_2 es la pendiente esperada, es decir el crecimiento medio cuando t aumenta en una unidad. La varianza de las pendientes individuales es ϕ_{22} y su covarianza con las ordenadas en el origen es ϕ_{21}.
5) θ_{tt} es la varianza de la perturbación en el instante t. La perturbación está representada por la distancia vertical entre punto y recta en la figura 10.3. Al contrario que en los modelos de análisis factorial, esta perturbación incluye no sólo errores de medición en v_t, sino también el carácter aleatorio e imprevisible de v_t y posibles desviaciones con respecto a un patrón lineal. Al contrario que en regresión, no se supone homoscedasticidad; es decir, aquí se permite que la varianza sea distinta en cada momento de tiempo.

El "path diagram" se encuentra en la figura 10.4. Obsérvese que es un modelo de estructura de medias y covarianzas, lo que permitirá estimar α_1 y α_2.

Algunos casos particulares de interés son:

1) Varianzas de error iguales a lo largo del tiempo. Se puede modelar con restricciones de igualdad para todos los parámetros θ_{tt}.
2) La pendiente es la misma para todos los individuos. Se puede modelar con la restricción $\phi_{22}=0$ y en consecuencia también con $\phi_{21}=0$.

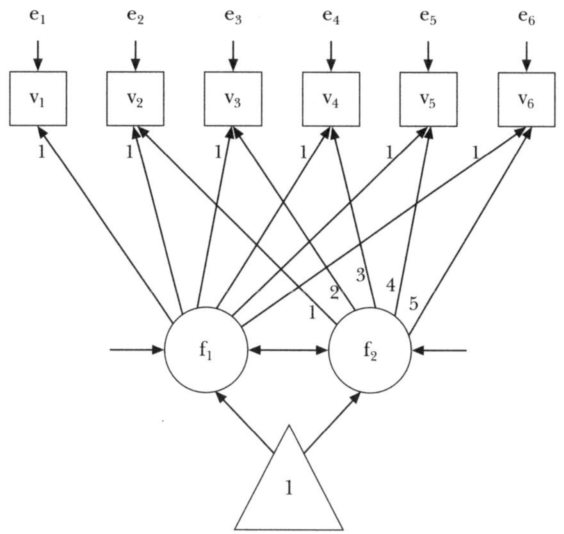

FIGURA 10.4. *"Path diagram" de un modelo de crecimiento lineal con seis momentos del tiempo.*

3) El término constante es el mismo para todos los individuos. Se puede modelar con la restricción $\phi_{11}=0$ y en consecuencia también con $\phi_{21}=0$.
4) En promedio el crecimiento es cero. Se puede modelar con la restricción $\alpha_2=0$.
5) El crecimiento es cero para todos los individuos. Se puede modelar eliminando completamente el factor f_2, lo que conduce a un modelo de análisis factorial confirmatorio de tipo clásico, sólo que con saturaciones iguales.

Todas las restricciones anteriores llevan a modelos anidados y pueden, por consiguiente, contrastarse por medio del cambio en la χ^2, o bien puede valorarse su introducción de modo más cualitativo observando la evolución de los índices de bondad del ajuste.

En lo que respecta a los momentos del tiempo, es decir, las saturaciones restringidas de f_2, suelen ser:

1) Números enteros consecutivos si la medida se hace a intervalos regulares. Lo habitual, como se ha dicho, es asignar el cero al período inicial. No obstante, el valor cero puede asignarse a cualquier período, de modo que los anteriores a él tomen valores negativos. En este caso todos los parámetros relacionados con f_1 se referirán al período $t=0$. A la hora de interpretar los parámetros α_1, ϕ_{11} y ϕ_{21} debe tenerse en cuenta que variarán según a qué período se asigne $t=0$. En particular, ϕ_{21} puede incluso cambiar de signo, con lo que este parámetro no debería interpretarse a menos que exista algún tipo de origen temporal "natural" de los datos y sea ese al que asignemos $t=0$. Para más detalles sobre esta cuestión ver Stoel (2003) o Stoel y van den Wittenboer (2003).
2) Números que indiquen el instante de medición si los intervalos de medición no son regulares. En el ejemplo que nos ocupa, entre las oleadas tercera y cuarta y entre las oleadas cuarta y quinta transcurre un año y medio. Por lo tanto podemos tomar como valores de t, 0; 1; 2; 3,5; 5 y 6. Si interesa que los parámetros relacionados con f_2 se interpreten como cambio mensual en lugar de anual podríamos tomar 0; 12; 24; 42; 60 y 72.

En lo que respecta a la identificación y estimación, el modelo está identificado a partir de tres momentos de tiempo, aunque se recomienda un número superior para poder relajar algunos de los supuestos, tal como se detalla en las secciones 10.3 y 10.4. La estimación puede llevarse a cabo por cualquiera de los métodos descritos en Batista-Foguet y Coenders (2000), pero dada la frecuencia con la que se encuentran datos ausentes en los paneles, la máxima verosimilitud directa con datos ausentes será una opción a considerar en muchos casos (Wothke, 2000). Los datos ausentes pueden darse por dos motivos principales:

1) Mortalidad: a partir de un determinado momento el individuo deja de pertenecer al panel, sea por defunción, cambio de residencia, negativa a continuar colaborando o cualquier otro motivo.
2) Medida en instantes diferentes para cada individuo. En este caso, puede definirse una variable v_t no para cada medición

sino para cada instante en el que haya habido alguna medición de algún individuo. Los individuos no medidos en este instante se tratarán simplemente como valores ausentes.

La figura 10.5 muestra un archivo de sintaxis para estimar el modelo con los datos de satisfacción con la vida en general del ejemplo. Observe los valores de t como saturaciones restringidas sobre el factor de crecimiento.

```
Satisfacción con la vida en general. Crecimiento lineal
observed variables
edad fin93 gen93 fin94 gen94 fin95 gen95 fin97 gen97
fin98 gen98 fin99 gen99
missing value code 0
sample size 5960
raw data from file russet.dat
latent variables
nivel crecimie
relationships
gen93 = 1*nivel
gen94 = 1*nivel 1*crecimie
gen95 = 1*nivel 2*crecimie
gen97 = 1*nivel 3.5*crecimie
gen98 = 1*nivel 5*crecimie
gen99 = 1*nivel 6*crecimie
nivel = const
crecimie = const
options: me=ml rs
end of problem
```

FIGURA 10.5. *Sintaxis SIMPLIS para modelo de crecimiento lineal para la satisfacción con la vida en general.*

La figura 10.6 muestra los resultados. El gráfico de la figura 10.1 muestra claramente que las curvas de crecimiento no son lineales, por lo que la bondad del ajuste no puede ser excesivamente buena, tal y como muestran el estadístico χ^2 y el RMSEA. Observamos por ejemplo, que las medias ajustadas (que siguen un comportamiento lineal) son bastante distintas de las medias observadas, lo que implica algunos residuos estandarizados extraordinariamente elevados para estas medias.

Si la bondad del ajuste hubiera sido buena, los parámetros del modelo se habrían interpretado como:

1) En el período cero (1993), el nivel medio de satisfacción con la vida en general es de 5,14 puntos en una escala de 1 a 10. La varianza de los orígenes de las trayectorias individuales en este nivel inicial es de 1,70, es decir, una desviación tipo de 1,3. Si suponemos una distribución normal, aproximadamente el 95% de los individuos tienen una ordenada en el origen de su trayectoria entre $5{,}14 - 2 \times 1{,}3 = 2{,}54$ y $5{,}14 + 2 \times 1{,}3 = 7{,}74$.
2) En promedio, existe un decrecimiento de 0,12 puntos de satisfacción cada año. La varianza individual de este decrecimiento es 0,04, a lo que corresponde una desviación tipo de 0,2. Si suponemos una distribución normal, aproximadamente el 95% de los individuos tienen un crecimiento anual de entre $-0{,}12 - 2 \times 0{,}2 = -0{,}52$ y $-0{,}12 + 2 \times 0{,}2 = 0{,}28$.
3) Las varianzas en torno a esas trayectorias (entre 3,20 y 4,62) son elevadas comparadas con la varianza de los puntos de partida de las mismas trayectorias (1,70). Esto puede ser indicador de que existe una elevada aleatoriedad alrededor de esta tendencia a largo plazo, o de que el modelo lineal no es adecuado.

Covariance Matrix

	gen93	gen94	gen95	gen97	gen98	gen99
gen93	6.28					
gen94	1.79	5.42				
gen95	1.24	1.59	5.56			
gen97	1.27	1.15	1.72	5.19		
gen98	1.16	1.29	1.57	1.82	5.18	
gen99	1.22	1.30	1.46	1.48	1.98	5.19

Means

gen93	gen94	gen95	gen97	gen98	gen99
5.03	5.16	5.12	4.73	4.24	4.65

```
LISREL Estimates (Maximum Likelihood)

       Measurement Equations

gen93 = 1.00*nivel, Errorvar.= 4.62 , R² = 0.27
                              (0.15)
                              30.87

gen94 = 1.00*nivel + 1.00*crecimie, Errorvar.= 3.85 , R² = 0.29
                                              (0.13)
                                              30.12

gen95 = 1.00*nivel + 2.00*crecimie, Errorvar.= 4.09 , R² = 0.27
                                              (0.14)
                                              28.97

gen97 = 1.00*nivel + 3.50*crecimie, Errorvar.= 3.67 , R² = 0.29
                                              (0.14)
                                              27.11

gen98 = 1.00*nivel + 5.00*crecimie, Errorvar.= 3.45 , R² = 0.34
                                              (0.11)
                                              31.17

gen99 = 1.00*nivel + 6.00*crecimie, Errorvar.= 3.20 , R² = 0.39
                                              (0.13)
                                              24.48


       Covariance Matrix of Independent Variables

                   nivel     crecimie
                ----------  ----------
   nivel           1.70
                  (0.11)
                  15.22

crecimie          -0.10        0.04
                  (0.02)      (0.01)
                  -4.14        6.41


       Mean Vector of Independent Variables

                   nivel     crecimie
                ----------  ----------
                   5.14       -0.12
                  (0.03)      (0.01)
                 151.40      -14.97
```

```
        Global Goodness of Fit Statistics, Missing Data Case

         -2ln(L) for the saturated model =       75475.393
         -2ln(L) for the fitted model    =       75692.474

                          Degrees of Freedom = 16
         Full Information ML Chi-Square   = 217.08 (P = 0.0)
       Root Mean Square Error of Approximation (RMSEA) = 0.049
     90 Percent Confidence Interval for RMSEA = (0.043 ; 0.055)
        P-Value for Test of Close Fit (RMSEA < 0.05) = 0.63


 Satisfacción con la vida en general. Crecimiento lineal

         Fitted Covariance Matrix

                gen93      gen94      gen95      gen97      gen98      gen99
               -------    -------    -------    -------    -------    -------
    gen93        6.32
    gen94        1.60       5.40
    gen95        1.50       1.49       5.56
    gen97        1.35       1.40       1.46       5.21
    gen98        1.20       1.32       1.44       1.61       5.24
    gen99        1.10       1.26       1.42       1.67       1.91       5.27

         Fitted Means

                gen93      gen94      gen95      gen97      gen98      gen99
               -------    -------    -------    -------    -------    -------
                 5.14       5.02       4.90       4.72       4.54       4.42

         Standardized Residuals for Means

                gen93      gen94      gen95      gen97      gen98      gen99
               -------    -------    -------    -------    -------    -------
                -3.17       4.50       6.80       0.23      -9.57       7.42

         Standardized Residuals

                gen93      gen94      gen95      gen97      gen98      gen99
               -------    -------    -------    -------    -------    -------
    gen93       -0.18
    gen94        2.13       0.43
    gen95       -3.38       1.69       0.39
    gen97       -1.03      -3.34       3.44      -0.14
    gen98       -0.10      -1.02       0.93       2.78       0.33
    gen99        1.13       0.97       1.18      -2.43      -0.01      -0.27
```

FIGURA 10.6. *Resultados SIMPLIS para modelo de crecimiento lineal para la satisfacción con la vida en general.*

10.3. Curvas de crecimiento no lineales

Si sabemos que las tendencias individuales no son lineales, podemos, en consecuencia, adaptar las saturaciones sobre f_2. Por ejemplo, si suponemos que el crecimiento es cuadrático tenemos:

$$\begin{aligned} v_1 &= f_1 + e_1 \\ v_2 &= f_1 + f_2 + e_2 \\ v_3 &= f_1 + 4f_2 + e_3 \\ v_4 &= f_1 + 9f_2 + e_4 \\ v_5 &= f_1 + 16f_2 + e_5 \\ v_6 &= f_1 + 25f_2 + e_6 \end{aligned} \tag{10.6}$$

con los mismos requisitos de identificación que el caso lineal (tres períodos como mínimo). Podemos emplear la función cuadrática o cualquier otra que tenga sentido teórico (exponencial, logarítmica, etc.). Podemos incluso combinar términos lineales y no lineales:

$$\begin{aligned} v_1 &= f_1 + e_1 \\ v_2 &= f_1 + f_2 + f_3 + e_2 \\ v_3 &= f_1 + 2f_2 + 4f_3 + e_3 \\ v_4 &= f_1 + 3f_2 + 9f_3 + e_4 \\ v_5 &= f_1 + 4f_2 + 16f_3 + e_5 \\ v_6 &= f_1 + 5f_2 + 25f_3 + e_6 \end{aligned} \tag{10.7}$$

donde todas las medias, varianzas y covarianzas de los tres factores son parámetros libres. En este caso, el número necesario de períodos para la identificación del modelo es de cuatro. α_3 se interpreta como grado medio de curvatura, en forma de "u" si es positivo y de "u" invertida si es negativo. ϕ_{33} sería la varianza de los grados de curvatura individuales.

Otro modo de recoger tendencias no lineales es dejar que las saturaciones sobre los factores de crecimiento sean parámetros libres a estimar. Este es un caso muy general porque no se impone ninguna forma funcional concreta para la función de crecimiento. Una de las saturaciones debe mantenerse restringida para fijar la escala y la interpretación del factor de crecimiento (para otras alternativas al fijar la escala en estos casos, ver Coenders, Espinet y Saez, 2003). Lo habitual es asignar cero al primer período y uno al segundo:

$$\begin{aligned} v_1 &= f_1 + e_1 \\ v_2 &= f_1 + f_2 + e_2 \\ v_3 &= f_1 + \lambda_{32} f_2 + e_3 \\ v_4 &= f_1 + \lambda_{42} f_2 + e_4 \\ v_5 &= f_1 + \lambda_{52} f_2 + e_5 \\ v_6 &= f_1 + \lambda_{62} f_2 + e_6 \end{aligned} \tag{10.8}$$

En este caso, α_2 se interpreta como el crecimiento medio entre los períodos 1 y 2. La curva a lo largo del tiempo queda definida como $E(v_t) = \alpha_1 + \lambda_{t2}\alpha_2$. Si α_2 es positivo, valores negativos de λ_{t2} indican valores de la trayectoria latente en el período t por debajo de α_1, valores positivos de λ_{t2} indican valores de la trayectoria latente por encima de α_1, valores de λ_{t2} positivos y superiores a la unidad indican valores de la trayectoria latente por encima de $E(v_2)$, y en general, cuanto mayor es λ_{t2}, mayor es $E(v_t)$. Si α_2 es negativo, la interpretación es la contraria. Por su parte, ϕ_{22} indica la varianza en el crecimiento entre los períodos 1 y 2. Por lo que respecta a las curvas individuales, observaciones con valores elevados de f_2 en valor absoluto corresponderán a individuos cuyos cambios de un período a otro serán más pronunciados. Las curvas de los distintos individuos difieren, pues, en el punto de partida individual para $t = 0$ (f_1), y en una mayor o menor intensidad de cambio de un período a otro (f_2), pero la forma funcional de la curva de crecimiento se supone constante para todos los individuos.

Queda claro que la interpretación de α_2 y ϕ_{22} cambia según se fije la escala de f_2. Otra alternativa a veces utilizada consiste en fijarla en el último período.

$$\begin{aligned} v_1 &= f_1 + e_1 \\ v_2 &= f_1 + \lambda_{22} f_2 + e_2 \\ v_3 &= f_1 + \lambda_{32} f_2 + e_3 \\ v_4 &= f_1 + \lambda_{42} f_2 + e_4 \\ v_5 &= f_1 + \lambda_{52} f_2 + e_5 \\ v_6 &= f_1 + 5 f_2 + e_6 \end{aligned} \tag{10.9}$$

En este caso, α_2 se interpreta como el crecimiento medio entre los períodos 0 y 5 y ϕ_{22} como la varianza de dicho crecimiento entre individuos.

Para la identificación exacta son necesarios tres períodos, y para obtener grados de libertad positivos al menos se precisan cuatro.

Por último, a veces interesa evaluar intervenciones que se espera provocarán una ruptura en la tendencia lineal. Por ejemplo, un cambio de política económica o social introducido en el período 4 podría provocar un cambio permanente que modelizaríamos del modo siguiente:

$$
\begin{aligned}
v_1 &= f_1 + e_1 \\
v_2 &= f_1 + f_2 + e_2 \\
v_3 &= f_1 + 2f_2 + e_3 \\
v_4 &= \tau_4 + f_1 + 3f_2 + e_4 \\
v_5 &= \tau_5 + f_1 + 4f_2 + e_5 \\
v_6 &= \tau_6 + f_1 + 5f_2 + e_6
\end{aligned}
\qquad (10.10)
$$

donde el parámetro $\tau = \tau_4 = \tau_5 = \tau_6$, restringido a la igualdad entre las diversas ecuaciones, se interpreta como el cambio debido a la intervención. También puede ocurrir que el cambio sea transitorio y sólo afecte al período en el que se hace la intervención del modo siguiente:

$$
\begin{aligned}
v_1 &= f_1 + e_1 \\
v_2 &= f_1 + f_2 + e_2 \\
v_3 &= f_1 + 2f_2 + e_3 \\
v_4 &= \tau_4 + f_1 + 3f_2 + e_4 \\
v_5 &= f_1 + 4f_2 + e_5 \\
v_6 &= f_1 + 5f_2 + e_6
\end{aligned}
\qquad (10.11)
$$

Tanto para los cambios transitorios como los permanentes, para la identificación exacta son necesarios tres períodos, pero para obtener grados de libertad positivos se precisan al menos cuatro. Obviamente, se precisa como mínimo un período antes de la intervención y un período después de la misma, es decir, los parámetros τ

no pueden afectar a todas las ecuaciones o no afectar a ninguna de ellas. La significación estadística de los parámetros τ se interpreta como efecto significativo de la intervención, sea durante un solo período, sea desplazando permanentemente hacia arriba o hacia abajo la trayectoria de la variable.

Visto el gráfico 10.1, que no parece seguir ninguna forma funcional conocida, la modelización más razonable es la de saturaciones libres, y optamos por fijar la escala de acuerdo con la ecuación 10.8 (sintaxis en la figura 10.7 con cambios en negrita).

```
Satisfacción con la vida en general. Crecimiento no lineal
observed variables
edad fin93 gen93 fin94 gen94 fin95 gen95 fin97 gen97
fin98 gen98 fin99 gen99
missing value code 0
sample size 5960
raw data from file russet.dat
latent variables
nivel crecimie
relationships
gen93 = 1*nivel
gen94 = 1*nivel 1*crecimie
gen95 = 1*nivel crecimie
gen97 = 1*nivel crecimie
gen98 = 1*nivel crecimie
gen99 = 1*nivel crecimie
nivel = const
crecimie = const
options: me=ml rs
end of problem
```

FIGURA 10.7. *Sintaxis SIMPLIS para modelo de crecimiento no lineal para la satisfacción con la vida en general.*

No mostramos los resultados, pero la bondad del ajuste mejora de forma espectacular con respecto al modelo de crecimiento lineal, tanto si la juzgamos por el cambio en la χ^2 como por el cambio en el RMSEA. Diferimos la interpretación hasta el apartado siguiente en el que se logrará un ajuste todavía mejor con nuestro modelo definitivo.

10.4. CORRELACIÓN TEMPORAL DE LOS ERRORES

En los modelos de curvas de crecimiento puede ocurrir que los términos de error próximos en el tiempo estén correlacionados. En otras palabras, el hecho de que un determinado individuo esté por encima o por debajo de su tendencia en un determinado período permite predecir que seguirá estándolo en períodos posteriores. Ello puede ser debido a que las razones por las cuales un individuo se situaba por encima o por debajo de su propia evolución permanezcan durante un cierto tiempo. Si se trata de respuestas a un cuestionario, frecuentemente el encuestado recuerda la respuesta dada en el período anterior, lo que conduce a errores de medición correlacionados.

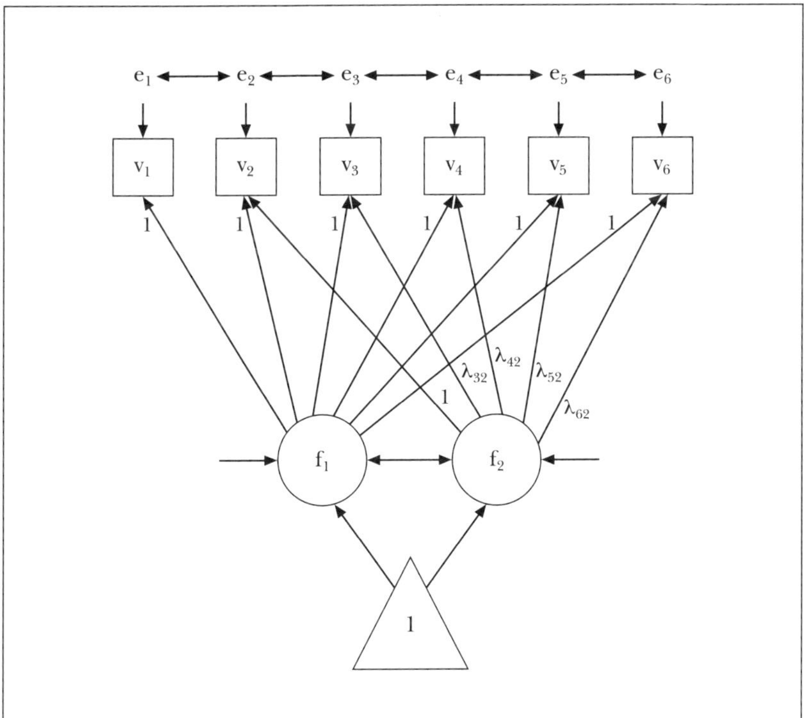

FIGURA 10.8. *"Path diagram" de un modelo de crecimiento no lineal con seis momentos del tiempo y errores que siguen un proceso de medias móviles de orden 1.*

Uno de los modelos más utilizados cuando se observa correlación de los errores, probablemente por su sencillez, es el conocido en la literatura econométrica y tecnométrica como modelo de medias móviles de orden 1. Cada término de error correlaciona con el inmediatamente anterior y el inmediatamente posterior, de modo que deben estimarse tantos parámetros como períodos de tiempo menos 1. En nuestro caso θ_{21}, θ_{32}, θ_{43}, θ_{54} y θ_{65}. Estos parámetros adicionales tienen repercusiones para la identificación, así son necesarios al menos:

1) Cuatro períodos para el modelo lineal.
2) Cinco períodos para el modelo con factores lineal y cuadrático (o lineal y cualquier otra función).
3) Cuatro períodos para la identificación exacta, pero 5 si se quieren grados de libertad positivos, cuando se trata de saturaciones libres.
4) Cuatro períodos cuando hay variable de intervención.

La figura 10.8 muestra el "path diagram" resultante de añadir errores correlacionados al modelo estimado en la sección anterior. La figura 10.9 muestra la sintaxis (cambios en negrita) y la 10.10 los resultados.

```
Vida en general. Errores correlacionados. Crecimiento no lineal
observed variables
edad fin93 gen93 fin94 gen94 fin95 gen95 fin97 gen97
fin98 gen98 fin99 gen99
missing value code 0
sample size 5960
raw data from file russet.dat
latent variables
nivel crecimie
relationships
gen93 = 1*nivel
gen94 = 1*nivel 1*crecimie
gen95 = 1*nivel crecimie
gen97 = 1*nivel crecimie
gen98 = 1*nivel crecimie
gen99 = 1*nivel crecimie
nivel = const
crecimie = const
let the errors of gen93 and gen94 correlate
```

```
let the errors of gen94 and gen95 correlate
let the errors of gen95 and gen97 correlate
let the errors of gen97 and gen98 correlate
let the errors of gen98 and gen99 correlate
options: me=ml rs
end of problem
```

FIGURA 10.9. *Sintaxis SIMPLIS para modelo de crecimiento no lineal para la satisfacción con la vida en general con errores que siguen un proceso de medias móviles de orden 1.*

La bondad del ajuste es ahora extraordinaria. No es frecuente que el estadístico χ^2 no rechace un modelo con un tamaño de muestra de varios miles. Las covarianzas de los errores que hemos añadido han contribuido a la mejora del ajuste, puesto que todas ellas son significativas. No obstante, aunque alguna no lo fuera, la mantendríamos, ya que lo habitual es introducirlas todas o ninguna para preservar el modelo teórico de medias móviles de orden 1. También son todas de signo positivo (las de signo negativo suelen ser difíciles de justificar en procesos naturales).

Las medias ajustadas por el modelo son mucho más próximas a las observadas que en el caso lineal y se interpretan como la curva de crecimiento promedio y es precisamente lo que se ha representado gráficamente en la figura 10.1. Estas medias se obtienen como:

1) α_1, es decir 5,04, en el primer período.
2) $\alpha_1 + \alpha_2$, es decir $5{,}04 + 0{,}12$, en el segundo período.
3) $\alpha_1 + \lambda_{32}\alpha_2$, es decir $5{,}04 + 0{,}46 \times 0{,}12$, en el tercer período. Al ser la estimación de λ_{32} inferior a 1, se ha producido un retroceso con respecto al período anterior.
4) $\alpha_1 + \lambda_{42}\alpha_2$, es decir $5{,}04 - 2{,}62 \times 0{,}12$, en el cuarto período. Al ser la estimación de λ_{42} negativa, se ha producido un retroceso con respecto al primer período.

En lo que respecta no ya a los promedios sino a las curvas individuales, el origen está situado entre $5{,}04 \pm 2\sqrt{1{,}23} = 5{,}04 \pm 2{,}22$, para aproximadamente el 95% de los individuos. Los ritmos de crecimiento o decrecimiento período a período no presentan en cambio variaciones significativas. Tendría sentido incluso restringir ϕ_{21} y ϕ_{22} a cero.

Las varianzas de error siguen siendo altas reflejando una gran variabilidad alrededor de las curvas de crecimiento individuales, lo que puede ser debido a que las formas funcionales de las curvas difieran de individuo a individuo o a una gran volatilidad de la satisfacción alrededor de su tendencia.

```
      Measurement Equations

gen93 = 1.00*nivel, Errorvar.= 5.12 , R² = 0.19
                              (0.15)
                              33.88

gen94 = 1.00*nivel + 1.00*crecimie, Errorvar.= 4.26 , R² = 0.22
                                               (0.17)
                                               25.00

gen95 = 1.00*nivel + 0.46*crecimie, Errorvar.= 4.24 , R² = 0.22
                     (0.42)                    (0.16)
                      1.11                     25.93

gen97 = 1.00*nivel - 2.62*crecimie, Errorvar.= 3.80 , R² = 0.27
                     (1.36)                    (0.16)
                     -1.93                     23.95

gen98 = 1.00*nivel - 6.57*crecimie, Errorvar.= 3.45 , R² = 0.33
                     (2.96)                    (0.50)
                     -2.22                      6.94

gen99 = 1.00*nivel - 3.21*crecimie, Errorvar.= 3.73 , R² = 0.28
                     (1.59)                    (0.17)
                     -2.03                     22.14


Error Covariance for gen94 and gen93 = 0.63
                                      (0.064)
                                       9.87

Error Covariance for gen95 and gen94 = 0.36
                                      (0.066)
                                       5.38

Error Covariance for gen97 and gen95 = 0.38
                                      (0.058)
                                       6.45

Error Covariance for gen98 and gen97 = 0.28
                                      (0.11)
                                       2.69
```

```
Error Covariance for gen99 and gen98 = 0.41
                                      (0.13)
                                       3.22


      Covariance Matrix of Independent Variables

                    nivel      crecimie
                 ----------   ----------
   nivel            1.23
                  (0.09)
                  13.74

crecimie           -0.02         0.00
                  (0.02)       (0.01)
                  -1.14          0.43


      Mean Vector of Independent Variables

                    nivel      crecimie
                 ----------   ----------
                    5.04         0.12
                  (0.04)       (0.05)
                 122.56          2.40


    Global Goodness of Fit Statistics, Missing Data Case

      -2ln(L) for the saturated model =       75475.393
      -2ln(L) for the fitted model    =       75484.851

                   Degrees of Freedom = 7
      Full Information ML Chi-Square  = 9.46 (P = 0.22)
   Root Mean Square Error of Approximation (RMSEA) = 0.0081
   90 Percent Confidence Interval for RMSEA = (0.0 ; 0.020)
      P-Value for Test of Close Fit (RMSEA < 0.05) = 1.00

      Fitted Means

            gen93     gen94     gen95     gen97     gen98     gen99
           -------   -------   -------   -------   -------   -------
             5.04      5.17      5.10      4.72      4.24      4.65
```

FIGURA 10.10. *Resultados SIMPLIS para modelo de crecimiento no lineal para la satisfacción con la vida en general con errores que siguen un proceso de medias móviles de orden 1.*

10.5. Variables predictoras de la ordenada en el origen y la pendiente

A veces interesa estudiar la relación entre las curvas de crecimiento individuales y variables exógenas que caracterizan a los individuos. Estas variables pueden ser numéricas e incluso cualitativas, codificadas como ceros y unos. En el caso de las curvas de crecimiento lineales, la ordenada en el origen individual y la pendiente individual dependen de los valores de las variables exógenas, por lo tanto, individuos con valores altos de la variable exógena tendrán niveles iniciales o ritmos de crecimiento mayores (o menores) que individuos con valores bajos de la variable exógena. Las variables exógenas pueden contener error de medición y medirse con múltiples indicadores. En el caso más sencillo, con curvas de crecimiento lineales y una única variable exógena medida sin error; las ecuaciones 10.4 y 10.5 quedarían como:

$$
\begin{aligned}
v_1 &= f_1 + e_1 \\
v_2 &= f_1 + f_2 + e_2 \\
v_3 &= f_1 + 2f_2 + e_3 \\
v_4 &= f_1 + 3f_2 + e_4 \\
v_5 &= f_1 + 4f_2 + e_5 \\
v_6 &= f_1 + 5f_2 + e_6 \\
v_7 &= f_3 \\
f_1 &= \alpha_1 + \beta_{13} f_3 + d_1 \\
f_2 &= \alpha_2 + \beta_{23} f_3 + d_2
\end{aligned}
\qquad (10.12)
$$

con:

$$
\begin{pmatrix} f_3 \\ d_1 \\ d_2 \\ e_1 \\ \vdots \\ e_6 \end{pmatrix} \rightarrow N \left(\begin{pmatrix} \alpha_3 \\ 0 \\ 0 \\ 0 \\ \vdots \\ 0 \end{pmatrix}, \begin{pmatrix} \phi_{11} & 0 & 0 & 0 & \dots & 0 \\ 0 & \psi_{11} & \psi_{21} & 0 & \dots & 0 \\ 0 & \psi_{21} & \psi_{22} & 0 & \dots & 0 \\ 0 & 0 & 0 & \theta_{11} & \dots & 0 \\ \vdots & \vdots & \vdots & \vdots & \ddots & 0 \\ 0 & 0 & 0 & 0 & 0 & \theta_{66} \end{pmatrix} \right) \qquad (10.13)
$$

Nótese que la interpretación de algunos parámetros cambia respecto a la efectuada en las ecuaciones 10.4 y 10.5. Ahora α_1 y α_2 corresponden a los valores esperados del término constante y de la pendiente para el valor cero de la variable exógena, y los parámetros ψ hacen referencia a varianzas y covarianzas no explicadas por la variable exógena. Debido a la difícil interpretación de estos parámetros, muchos investigadores optan por ajustar el modelo dos veces, con y sin la(s) variable(s) exógena(s). En este tipo de formulación, el interés se centra en los parámetros β_{13} y β_{23} que representan respectivamente el efecto de la variable exógena sobre la ordenada en el origen y sobre la pendiente individual.

Igual que ocurría con los modelos sin variable exógena, los parámetros relacionados con el término constante (que ahora son α_1, β_{13}, ψ_{11} y ψ_{21}) cambiarán tanto de interpretación como de valor según a qué período se asigne $t=0$ (Stoel y van den Wittenboer, 2003).

En los casos de curvas de crecimiento no lineales también es posible incorporar variables exógenas, con los correspondientes cambios en la interpretación. En el ejemplo que nos ocupa, se predice el valor esperado individual en la oleada de 1993 y la magnitud del cambio esperado entre 1993 y 1994, aunque la magnitud de dicho cambio durante el resto de los años es proporcional a éste según los parámetros λ; es decir, los individuos con valores bajos de f_2, tienen una curva de evolución bastante plana y los individuos con valores altos de f_2 una curva con los dientes de sierra (de la figura 10.2) más pronunciados. Sólo habría que añadir las tres ecuaciones siguientes dentro del apartado "relationships":

```
nivel = edad const
crecimie = edad const
edad = const
```

Obsérvese cómo en SIMPLIS no es necesaria una ecuación de medición para las variables medidas sin error, que pueden relacionarse directamente con los factores.

Los resultados de la estimación de las ecuaciones de crecimiento son parecidos a los del modelo anterior y los omitimos de la figura 10.11. Si tomamos la *covariance matrix of latent variables* y el *mean vector of dependent variables*, tenemos los valores esperados, varianzas y covarianzas de f_1 y f_2, que son muy parecidas a las de la figura 10.10, aunque sin errores estándar porque ahora ya no constituyen parámetros del modelo. Además de la información contenida en la figura 10.10 observamos relaciones significativas entre edad y nivel de satisfacción esperado en 1993 (a mayor edad menor satisfacción) y entre edad y profundidad de los cambios de satisfacción de año en año (a mayor edad, mayor intensidad de los cambios). Parecería, pues, que la gente mayor se encuentra en una peor situación y sufre de forma más acentuada las consecuencias del deterioro de dicha situación a partir de 1995 (ver figura 10.1).

```
        Structural Equations

    nivel = 5.81    - 0.017*edad, Errorvar.= 1.21   , R² = 0.062
           (0.077)  (0.0017)                (0.062)
            75.19    -9.72                   19.31

 crecimie = 0.0046 + 0.0026*edad, Errorvar.= 0.0064 , R² = 0.22
           (0.016)  (0.0011)                 (0.011)
            0.28     2.35                     0.59


        Variances of Independent Variables

                   edad
               ----------
                 279.86
                  (5.13)
                  54.58


        Covariance Matrix of Latent Variables

                  nivel      crecimie        edad
               ----------   ----------   ----------
    nivel         1.29
 crecimie        -0.01         0.01
     edad        -4.74         0.72        279.86


        Mean Vector of Dependent Variables

                  nivel      crecimie
               ----------   ----------
                   5.06         0.12


        Mean Vector of Independent Variables

                   edad
               ----------
                  44.45
                  (0.22)
                 205.09
```

```
        Global Goodness of Fit Statistics, Missing Data Case


          -2ln(L) for the saturated model =        125637.603
          -2ln(L) for the fitted model    =        125656.801

                         Degrees of Freedom = 12
          Full Information ML Chi-Square  = 19.20 (P = 0.084)
        Root Mean Square Error of Approximation (RMSEA) = 0.010
       90 Percent Confidence Interval for RMSEA = (0.0 ; 0.018)
          P-Value for Test of Close Fit (RMSEA < 0.05) = 1.00
```

FIGURA 10.11. *Fragmento de resultados SIMPLIS para modelo de crecimiento no lineal para la satisfacción con la vida en general con errores que siguen un proceso de medias móviles de orden 1 y variable exógena.*

10.6. RELACIONES ENTRE VARIOS PROCESOS DE CRECIMIENTO

Cuando existe más de una variable que crece a lo largo del tiempo tiene sentido plantearse alguna o todas las cuestiones siguientes:

1) ¿El mismo modelo de curvas de crecimiento ajusta a ambas variables?
2) ¿La forma funcional de las curvas es la misma para ambas variables? Esta pregunta tiene sentido para el caso de curvas de crecimiento con parámetros λ estimados. Para otros tipos de curva de crecimiento la respuesta a esta pregunta coincide siempre con la de la pregunta anterior.
3) Si la respuesta a las preguntas anteriores es afirmativa, ¿los niveles iniciales y los ritmos de crecimiento de ambas variables están correlacionados?

Para responder a la primera pregunta debemos ajustar el mismo modelo a ambas variables y verificar que su ajuste es satisfactorio. Hemos ajustado el mismo modelo de la sección 10.4 para la variable de satisfacción con la situación financiera familiar. No mostramos los resultados, pero se resumen en que el ajuste ha sido satisfactorio y la forma de las curvas (lo que muestran los parámetros λ) es parecida pero no idéntica.

Para responder a las preguntas segunda y tercera, ajustamos un modelo que incluya ambas variables y los parámetros λ restringidos a ser iguales (líneas "let the path" en la figura 10.12). De hecho, puede entenderse como un caso particular de la invarianza factorial definida en el capítulo 7, pero con varias variables en lugar de varios grupos, lo que simplifica enormemente la sintaxis de las restricciones de igualdad. En este tipo de modelos es razonable suponer que los términos de error de un mismo momento del tiempo estén correlacionados para las distintas variables (líneas "let the errors" en la figura 10.12). Las varianzas de los factores de ritmo de crecimiento no eran significativas e incluso una de ellas era ligeramente negativa, con lo que se restringieron a cero con sus covarianzas correspondientes (líneas "let the variance" y "let the covariance" en la figura 10.12), lo que equivale a asumir que los ritmos de crecimiento son idénticos para todos los individuos, es decir, que difieren sólo en su nivel inicial.

```
Finanzas y vida en general. Lambdas iguales
observed variables
edad fin93 gen93 fin94 gen94 fin95 gen95 fin97 gen97
fin98 gen98 fin99 gen99
missing value code 0
sample size 5960
raw data from file russet.dat
latent variables
fnivel fcreci gnivel gcreci
relationships
fin93 = 1*fnivel
fin94 = 1*fnivel 1*fcreci
fin95 = 1*fnivel fcreci
fin97 = 1*fnivel fcreci
fin98 = 1*fnivel fcreci
fin99 = 1*fnivel fcreci
gen93 = 1*gnivel
gen94 = 1*gnivel 1*gcreci
gen95 = 1*gnivel gcreci
gen97 = 1*gnivel gcreci
gen98 = 1*gnivel gcreci
gen99 = 1*gnivel gcreci
gnivel = const
gcreci = const
fnivel = const
fcreci = const
```

```
let the path fcreci -> fin95 be equal to gcreci -> gen95
let the path fcreci -> fin97 be equal to gcreci -> gen97
let the path fcreci -> fin98 be equal to gcreci -> gen98
let the path fcreci -> fin99 be equal to gcreci -> gen99
let the variance of gcreci be 0
let the variance of fcreci be 0
let the covariance of gcreci and gnivel be 0
let the covariance of gcreci and fcreci be 0
let the covariance of gcreci and fnivel be 0
let the covariance of fcreci and fnivel be 0
let the covariance of fcreci and gnivel be 0
let the errors of fin93 and fin94 correlate
let the errors of fin94 and fin95 correlate
let the errors of fin95 and fin97 correlate
let the errors of fin97 and fin98 correlate
let the errors of fin98 and fin99 correlate
let the errors of gen93 and gen94 correlate
let the errors of gen94 and gen95 correlate
let the errors of gen95 and gen97 correlate
let the errors of gen97 and gen98 correlate
let the errors of gen98 and gen99 correlate
let the errors of fin93 and gen93 correlate
let the errors of fin94 and gen94 correlate
let the errors of fin95 and gen95 correlate
let the errors of fin97 and gen97 correlate
let the errors of fin98 and gen98 correlate
let the errors of fin99 and gen99 correlate
options: me=ml rs sc
end of problem
```

FIGURA 10.12. *Sintaxis SIMPLIS para modelo de crecimiento no lineal para la satisfacción con la vida en general y con la situación financiera. λ iguales. Errores contemporáneos correlacionados. Varianza de los factores de crecimiento restringidas a cero.*

Los resultados se muestran en la figura 10.13. La bondad del ajuste, aunque buena en términos de RMSEA, es mucho peor que la de los modelos anteriormente ajustados. El aviso de que la matriz de covarianzas no es definida positiva obedece sólo al hecho de haber restringido algunas varianzas y covarianzas a cero, puesto que las estimaciones de las varianzas y covarianzas libres son perfectamente admisibles (varianzas positivas y correlación inferior a 1, tal y como aparece en la solución estandarizada). La introducción de correlaciones entre errores simultáneos de distintas variables se ha revelado como un acierto, puesto que todas ellas son positivas y altamente significativas. Se interpreta que las circunstancias que hacen que la satisfacción se desvíe con respecto a su curva de crecimiento afectan tanto a la vida en general como a la situación financiera, lo que sería un primer argumento a favor de la relación entre ambas variables.

Otro argumento para la relación entre satisfacción con la vida en general y satisfacción con las finanzas lo tenemos en la fuerte relación (correlación de 0,85) entre los niveles iniciales de ambos dominios de satisfacción. No obstante, este resultado relaciona parámetros de las curvas de crecimiento y sólo es interpretable si ambas curvas tienen la misma forma funcional. Para contrastar esta hipótesis volvemos a ajustar el modelo sin las restricciones de igualdad de las saturaciones.

```
         Measurement Equations


fin93 = 1.00*fnivel, Errorvar.= 3.98 , R² = 0.23
                                (0.11)
                                36.19

gen93 = 1.00*gnivel, Errorvar.= 4.99 , R² = 0.22
                                (0.14)
                                36.35

fin94 = 1.00*fnivel + 1.00*fcreci, Errorvar.= 3.71 , R² = 0.25
                                              (0.12)
                                              31.79

gen94 = 1.00*gnivel + 1.00*gcreci, Errorvar.= 4.07 , R² = 0.26
                                              (0.13)
                                              31.32

fin95 = 1.00*fnivel + 0.97*fcreci, Errorvar.= 3.84 , R² = 0.24
                     (0.25)                   (0.13)
                      3.91                    29.35

gen95 = 1.00*gnivel + 0.97*gcreci, Errorvar.= 4.20 , R² = 0.25
                     (0.25)                   (0.15)
                      3.91                    28.91

fin97 = 1.00*fnivel - 1.04*fcreci, Errorvar.= 3.29 , R² = 0.27
                     (0.41)                   (0.12)
                     -2.53                    27.40
```

```
gen97 = 1.00*gnivel - 1.04*gcreci, Errorvar.= 3.78 , R² = 0.27
                      (0.41)                   (0.14)
                      -2.53                    27.18

fin98 = 1.00*fnivel - 3.04*fcreci, Errorvar.= 2.70  , R² = 0.31
                      (0.81)                   (0.085)
                      -3.74                    31.65

gen98 = 1.00*gnivel - 3.04*gcreci, Errorvar.= 3.65 , R² = 0.28
                      (0.81)                   (0.11)
                      -3.74                    32.80

fin99 = 1.00*fnivel - 1.11*fcreci, Errorvar.= 3.40 , R² = 0.26
                      (0.41)                   (0.11)
                      -2.68                    30.89

gen99 = 1.00*gnivel - 1.11*gcreci, Errorvar.= 3.71 , R² = 0.28
                      (0.41)                   (0.12)
                      -2.68                    30.47


Error Covariance for gen93 and fin93 = 1.36
                                      (0.045)
                                      30.20

Error Covariance for fin94 and fin93 = 0.38
                                      (0.038)
                                       9.80

Error Covariance for gen94 and gen93 = 0.40
                                      (0.045)
                                       8.88

Error Covariance for gen94 and fin94 = 1.27
                                      (0.044)
                                      29.00

Error Covariance for fin95 and fin94 = 0.34
                                      (0.041)
                                       8.22

Error Covariance for gen95 and gen94 = 0.20
                                      (0.046)
                                       4.36

Error Covariance for gen95 and fin95 = 1.58
                                      (0.051)
                                      30.98
```

```
Error Covariance for fin97 and fin95 = 0.26
                                     (0.042)
                                       6.21

Error Covariance for gen97 and gen95 = 0.22
                                     (0.047)
                                       4.71

Error Covariance for gen97 and fin97 = 1.33
                                     (0.048)
                                      27.84

Error Covariance for fin98 and fin97 = 0.073
                                     (0.037)
                                       2.01

Error Covariance for gen98 and gen97 = 0.23
                                     (0.046)
                                       4.98

Error Covariance for gen98 and fin98 = 0.98
                                     (0.034)
                                      28.95

Error Covariance for fin99 and fin98 = 0.58
                                     (0.035)
                                      16.72

Error Covariance for gen99 and gen98 = 0.34
                                     (0.041)
                                       8.24

Error Covariance for gen99 and fin99 = 0.98
                                     (0.040)
                                      24.49


        Covariance Matrix of Independent Variables

             fnivel    fcreci    gnivel    gcreci
            --------  --------  --------  --------
   fnivel      1.22
              (0.05)
              22.71

   fcreci      - -       - -
```

```
  gnivel     1.12        - -     1.41
            (0.04)              (0.06)
            25.32               22.79

  gcreci      - -        - -      - -      - -


W_A_R_N_I_N_G: Matrix above is not positive definite

       Mean Vector of Independent Variables

            fnivel    fcreci    gnivel    gcreci
           --------  --------  --------  --------
              3.20      0.12      4.95      0.22
            (0.03)    (0.03)    (0.04)    (0.05)
            110.52      4.25    123.08      4.45

                     Degrees of Freedom = 51
       Full Information ML Chi-Square  = 229.63 (P = 0.0)
     Root Mean Square Error of Approximation (RMSEA) = 0.026
   90 Percent Confidence Interval for RMSEA = (0.022 ; 0.029)
      P-Value for Test of Close Fit (RMSEA < 0.05) = 1.00

       Fitted Means

             fin93     gen93     fin94     gen94     fin95     gen95
           --------  --------  --------  --------  --------  --------
              3.20      4.95      3.33      5.17      3.32      5.16

       Fitted Means

             fin97     gen97     fin98     gen98     fin99     gen99
           --------  --------  --------  --------  --------  --------
              3.07      4.72      2.83      4.27      3.07      4.70

       Standardized Residuals for Means

             fin93     gen93     fin94     gen94     fin95     gen95
           --------  --------  --------  --------  --------  --------
             -6.12      2.23      1.08     -0.24      5.11     -1.18

       Standardized Residuals for Means

             fin97     gen97     fin98     gen98     fin99     gen99
           --------  --------  --------  --------  --------  --------
             -1.80      0.55      1.83     -0.63      2.21     -0.96
```

```
Completely standardized solution

       PHI

             fnivel   fcreci   gnivel   gcreci
            -------- -------- -------- --------
  fnivel      1.00
  fcreci      - -      - -
  gnivel      0.85     - -      1.00
  gcreci      - -      - -      - -      - -
```

FIGURA 10.13. *Fragmento de resultados SIMPLIS para modelo de crecimiento no lineal para la satisfacción con la vida en general y con la situación financiera. λ iguales. Errores contemporáneos correlacionados. Varianza de los factores de crecimiento restringidas a cero.*

Los resultados sin las restricciones de igualdad (no los mostramos pero se pueden obtener simplemente eliminando las líneas "let the path" de la figura 10.12) ofrecen un cambio en el estadístico χ^2 de 83,46 con 4 grados de libertad, valor significativo se mire como se mire, y un estadístico RMSEA igual a 0,020. Por lo tanto, las evoluciones temporales de ambas variables no son comparables y es arriesgado relacionarlas. El hecho que la satisfacción con las finanzas y la satisfacción con la vida en general evolucionen según curvas de formas diferentes resta evidencia a la relación entre ambas variables.

Como se ha visto, a través de estos múltiples ejemplos y variantes, los modelos de las curvas de crecimiento latentes representan un marco muy flexible para estudiar la evolución lineal o no lineal en el tiempo de una variable, y relacionar esta evolución con características del individuo o la evolución de otras variables.

11

MODELOS PARA CONTRASTAR MEDIDAS CONGENÉRICAS, TAU-EQUIVALENTES Y PARALELAS. CUARTO EJEMPLO

11.1. Datos y definición del problema

Mientras el análisis factorial puede descomponer la varianza de las variables en varianza común y única, tal análisis no puede demostrar que la componente única consiste sólo en error aleatorio de medida. A menudo, la componente única también contendrá una parte llamada específica que tiene carácter no aleatorio, sino sistemático. Si este es el caso, la interpretación que se hace en el análisis factorial de la varianza única como varianza de error aleatorio es incorrecta.

La presencia de componentes específicas compromete la validez de la medición, y por lo tanto puede distorsionar los resultados de cualquier análisis (ver Batista-Foguet y Coenders, 2000). Para ejemplificar el caso con los modelos presentados en este libro, las componentes específicas pueden distorsionar el análisis de los datos de panel (ver capítulo 10) si la misma variable se observa repetidas veces (Schyns, 2003). En este caso, la presencia de la componente específica en cada observación de la misma variable conducirá a errores correlacionados en toda la matriz y no sólo en observaciones adyacentes. Además, en un modelo que incluya términos de interacción, dichas componentes específicas pueden distorsionar el análisis si estuviesen correlacionadas con el/los indicador/es de la variable dependiente.

En este capítulo, veremos cómo puede contrastarse si diferentes ítems son *congenéricos*, es decir, si miden el mismo concepto y sólo este concepto, y por lo tanto, su componente única contiene sólo error aleatorio. El ejemplo que utilizaremos para ilustrarlo proviene de un estudio piloto del European Social Survey (para más información ver http://ess.nsd.uib.no/). En dicho estudio, se utilizó la escala de valores humanos de Schwartz (1997), algunos de cuyos ítems parecen incluir dobles preguntas o preguntas de dos cañones (*double barreled questions*). La Figura 11.1 presenta tres ítems de dicha escala para ilustrar este aspecto.

(ENCUESTADOS MASCULINOS) A continuación, describimos brevemente algunas personas. Por favor, lea cada descripción y piense si la persona descrita es más o menos como Ud. Marque en la casilla de la derecha en qué medida dicha persona se parece a Ud mismo.

¿Cuánto se parece a vd. esta persona?	*Se parece mucho*	*Se parece*	*Se parece algo*	*Se parece poco*	*No se parece*	*No se parece en absoluto*
G_3 Él piensa que es importante que toda persona debe ser tratada con igualdad. Él cree que todos deberían tener igualdad de oportunidades en esta vida.	1	2	3	4	5	6
G_8 Para él es importante escuchar a gente diferente a sí mismo. Incluso cuando discrepa de ellos, él todavía desea entenderlos.	1	2	3	4	5	6
G_{19} Para él es importante preocuparse por el medio ambiente. Él cree firmemente que la gente debería cuidar la naturaleza.	1	2	3	4	5	6

FIGURA 11.1. *Ítems 3, 8 y 19 de la escala de valores de Schwartz sugeridos para el European Social Survey.*

Como puede verse, cada ítem consta de dos afirmaciones. La primera afirmación que incluye la palabra "importante" es una afirmación estándar para una sentencia valorativa según la codificación del Saris y Gallhofer (2004); la segunda afirmación de cada sentencia presenta algo diferente. En G_3 parecería que fuera un derecho, en G_8 un sentimiento y en G_{19} se trataría de una norma (Saris y Gallhofer, 2004). Además, uno se preguntaría si "trato igual" e "igualdad de oportunidades" refieren el mismo concepto. Si estas dos afirmaciones presentan ideas distintas, el caso se conoce como doble pregunta. Este tipo de preguntas es problemático, ya que mucha gente puede tener diferente opinión sobre las diferentes partes de que consta la pregunta, y entonces, no esta claro cómo debería responder. Sin embargo, si estas afirmaciones midiesen exactamente lo mismo, entonces no importaría la extensión del ítem incluyendo ambas afirmaciones. De hecho, podría ser incluso de ayuda para el que responde. Esta es la típica situación en la que a uno le gustaría poder contrastar si realmente las dos afirmaciones miden lo mismo. Es decir, si las dos partes del ítem son congenéricas.

Para llevar a cabo este test se ha diseñado la prueba siguiente. En la Figura 11.2, observamos como cada uno de los tres ítems mencionados anteriormente se han dividido en dos que se presentan por separado. Los ítems v_3 y v_6 ya fueron utilizados en el capítulo 9.

A continuación, presentamos una breve descripción sobre algunas personas, por favor lea cada descripción y piense en qué medida cada persona es o no como Ud. Marque la casilla de la derecha que muestre en qué medida la persona en la descripción es como Ud.

	¿Cuánto se parece a vd. esta persona?	*Se parece mucho*	*Se parece*	*Se parece algo*	*Se parece poco*	*No se parece*	*No se parece en absoluto*
v_1	Es importante para él/ella que cada persona sea tratada con igualdad en este mundo.	1	2	3	4	5	6
v_2	Es importante para él/ella escuchar a la gente diferente de sí mismo/a.	1	2	3	4	5	6
v_3	Preocuparse por el medio ambiente es importante para él/ella.	1	2	3	4	5	6
v_4	Él/ella cree que todos deberían tener igualdad de oportunidades en esta vida.	1	2	3	4	5	6
v_5	Incluso cuando discrepa de ellos, él/ella todavía desea entenderlos.	1	2	3	4	5	6
v_6	El/ella cree firmemente que la gente debería cuidar la naturaleza.	1	2	3	4	5	6

FIGURA 11.2. *Ítems partidos de la escala de valores humanos de Schwartz para contrastar si son congenéricos.*

Está claro que los primeros tres ítems ($v_1 - v_3$) utilizan la información relativa a la "importancia" y que los tres siguiente de ($v_4 - v_6$) incluyen la segunda afirmación de los ítems originales.

Estos 6 ítems se presentaron a los encuestados del estudio piloto holandés al principio y al final del cuestionario que ellos mismos cumplimentaban en un intervalo de aproximadamente 20 minutos, intervalo que se considera normalmente suficiente para olvidar lo que se respondió en la primera presentación (van Meurs y Saris, 1990).

11.2. Modelo para medidas congenéricas. Modelo de análisis factorial de segundo orden

Este diseño sugiere el modelo que se presenta en la Figura 11.3 para las dos mediciones de los ítems v_1 y v_4.

v_{11} y v_{12} representan las respuestas a las dos repeticiones de la cuestión v_1. Ya que la afirmación es exactamente la misma, la única diferencia en la respuesta podría ser error aleatorio, es decir, e_{11} y e_{12}. t_1 representa la variable latente que no es más que la respues-

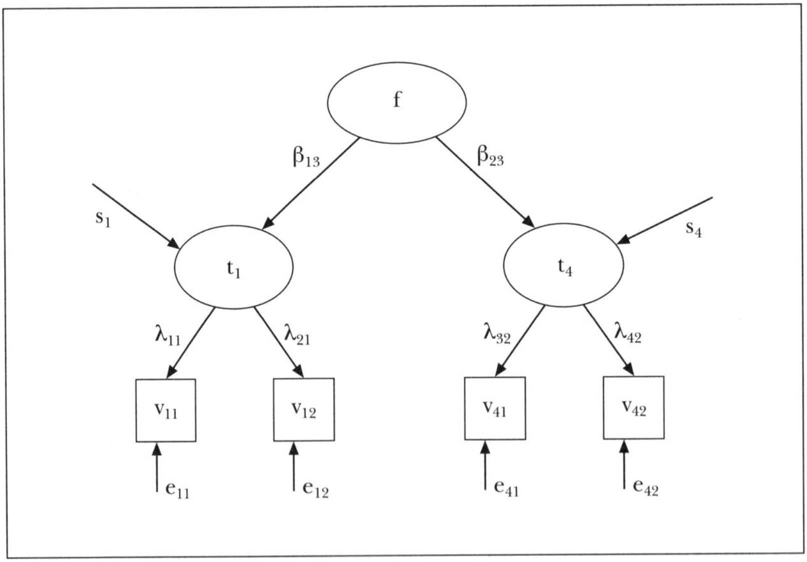

FIGURA 11.3. *Modelo de segundo orden para ítems congenéricos.*

ta observada corregida por error de medida aleatorio. Esta variable se denomina *puntuación verdadera* en psicometría. La puntuación verdadera debería ser la misma para las dos preguntas, v_{11} y v_{12}, porque la única diferencia entre ellas es error aleatorio de medida. El mismo argumento podría hacerse para las variables observadas v_{41} y v_{42} y la latente t_4.

Entendemos que las puntuaciones verdaderas de v_1 y v_4 (t_1 y t_4) miden una misma variable (f). Sin embargo, también puede ocurrir que dichas puntuaciones verdaderas incluyan componentes específicas, s_1 y s_4.

Se trata de un modelo llamado análisis factorial de segundo orden. En estos modelos, las variables latentes miden otras variables latentes con un grado superior de abstracción o generalidad; en nuestro caso, t_1 y t_2 miden f. Las componentes específicas reciben el tratamiento de perturbaciones y sus varianzas son parámetros ψ. El factor de segundo orden es exógeno y su varianza es un parámetro ϕ. Las varianzas de los factores de primer orden ya no son parámetros del modelo, pues vienen explicados por los de segundo orden y por las componentes específicas. Las saturaciones de los factores de primer orden sobre los factores de segundo orden son parámetros β. Las ecuaciones del modelo quedarían como:

$$\begin{aligned} v_{11} &= \lambda_{11} t_1 + e_{11} \\ v_{12} &= \lambda_{21} t_1 + e_{12} \\ v_{41} &= \lambda_{32} t_4 + e_{41} \\ v_{42} &= \lambda_{42} t_4 + e_{42} \\ t_1 &= \beta_{13} f + s_1 \\ t_4 &= \beta_{23} f + s_4 \end{aligned} \tag{11.1}$$

con:

$$\begin{vmatrix} s_1 \\ s_4 \\ f \\ e_{11} \\ \vdots \\ e_{42} \end{vmatrix} \rightarrow N \left| \; , \begin{vmatrix} \psi_{11} & 0 & 0 & 0 & \dots & 0 \\ 0 & \psi_{22} & 0 & 0 & \dots & 0 \\ 0 & 0 & \phi_{33} & 0 & \dots & 0 \\ 0 & 0 & 0 & \theta_{11} & \dots & 0 \\ \vdots & \vdots & \vdots & \vdots & \ddots & 0 \\ 0 & 0 & 0 & 0 & 0 & \theta_{44} \end{vmatrix} \right| \tag{11.2}$$

Debe tenerse en cuenta que para LISREL los subíndices que nosotros hemos dado a las variables son simples etiquetas irrelevantes: v_{11} es la primera variable observable y corresponde con la primera fila de las matrices Λ y Θ, v_{12} es la segunda, v_{41} la tercera y v_{42} la cuarta. t_1 es la primera variable latente, t_2 la segunda y f la tercera.

Para fijar la escala de las variables latentes, algún parámetro λ y algún parámetro β debería restringirse a la unidad. Las condiciones de identificación son las mismas que para un modelo de primer orden: cada factor de primer orden necesita al menos dos indicadores y cada factor de segundo orden necesita al menos dos de primer orden. La excepción a la regla la constituyen los modelos con un único factor de segundo orden, que necesitan tres factores de primer orden. Nuestro modelo así no estaría identificado, a menos que introdujéramos la restricción $\beta_{13} = \beta_{23}$. Afortunadamente, no lo vamos a necesitar, como veremos enseguida.

11.3. Contrastes para medidas congenéricas

Si v_1 y v_4 estuviesen midiendo exactamente la misma variable (f), las componentes específicas, s_1 y s_4, no deberían existir y la relación entre f y las puntuaciones verdaderas, t_1 y t_4, debería ser perfecta. En consecuencia, la correlación entre t_1 y t_4 sería 1.

Esto simplificaría el modelo factorial de segundo orden de la figura 11.3 en el más parco de la figura 11.4, con la restricción que la correlación entre t_1 y t_4 fuese igual a 1. Introducimos, empero, la estructura de medias dado que la vamos a necesitar en la sección 11.4. Si fijamos la escala de las variables latentes restringiendo sus varianzas a la unidad y sus medias a cero (en lugar de restringir parámetros λ y τ), entonces el parámetro ϕ_{21} ya es la correlación en la que estamos interesados.

Contrastar el modelo con la restricción $\phi_{21} = 1$ es lo mismo que contrastar si las dos medidas son congenéricas o no, y puede llevarse a cabo con el sencillo conjunto de comandos que se incluyen en la figura 11.5. Como datos usamos la matriz de correlaciones y el vector de desviaciones típicas a partir de los cuales el programa calculará internamente una matriz de covarianzas. Los resultados se muestran en la figura 11.6.

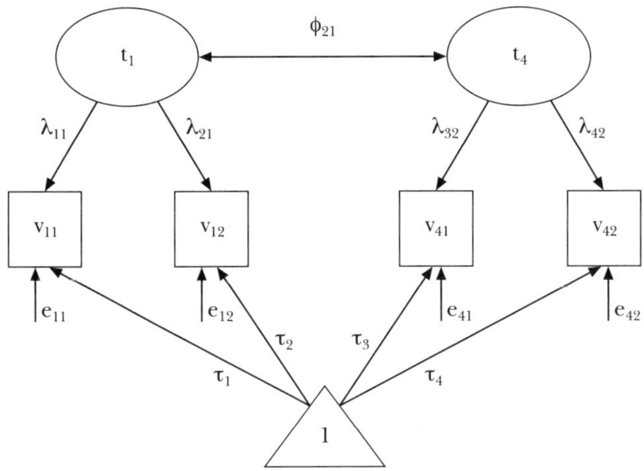

FIGURA 11.4. *Modelo de medida para contrastar ítems congenéricos.*

```
PRUEBA DE MEDIDAS CONGENÉRICAS
DA NI=4 NO=409
KM
1.00
.660 1.00
.630 .607 1.00
.606 .719 .729 1.00
SD
1.111 1.015 1.062 0.955
ME
2.34 2.26 2.29 2.28
LA
V11 V12 V41 V42
MO NY=4 NE=2 LY=FU,FI, TE=SY,FI PS=SY,FI AL=FI TY=FR
LE
T1 T4
FR LY 1 1 LY 2 1 LY 3 2 LY 4 2
VA 1 PS 1 1 PS 2 2
VA 1 PS 2 1
FR TE 1 1 TE 2 2 TE 3 3 TE 4 4
OU MI AD=OFF
```

FIGURA 11.5. *Sintaxis LISREL para contrastar el modelo de medida de ítems congenéricos de la Figura 11.4.*

```
   LAMBDA-Y

                  T1          T4
               --------    --------
 V11           0.83          - -
              (0.05)
              17.06

 V12           0.83          - -
              (0.04)
              19.15

 V41           - -          0.86
                           (0.05)
                           19.01

 V42           - -          0.83
                           (0.04)
                           21.18


   PSI

                  T1          T4
               --------    --------
  T1           1.00
  T4           1.00         1.00


   THETA-EPS

                 V11         V12         V41         V42
               --------    --------    --------    --------
                 0.54        0.35        0.39        0.22
                (0.05)      (0.03)      (0.04)      (0.03)
                11.97       10.68       10.80        8.56


   Squared Multiple Correlations for Y - Variables

                 V11         V12         V41         V42
               --------    --------    --------    --------
                 0.56        0.66        0.66        0.76


   TAU-Y

                 V11         V12         V41         V42
               --------    --------    --------    --------
                 2.34        2.26        2.29        2.28
                (0.06)      (0.05)      (0.05)      (0.05)
                42.54       44.98       43.56       48.22
```

```
                    Goodness of Fit Statistics

                      Degrees of Freedom = 2
          Minimum Fit Function Chi-Square = 33.33 (P = 0.00)
  Normal Theory Weighted Least Squares Chi-Square = 29.58 (P = 0.00)
          Estimated Non-centrality Parameter (NCP) = 27.58
      90 Percent Confidence Interval for NCP = (13.56 ; 49.04)

                 Minimum Fit Function Value = 0.082
          Population Discrepancy Function Value (F0) = 0.068
        90 Percent Confidence Interval for F0 = (0.033 ; 0.12)
        Root Mean Square Error of Approximation (RMSEA) = 0.18
       90 Percent Confidence Interval for RMSEA = (0.13 ; 0.25)
         P-Value for Test of Close Fit (RMSEA < 0.05) = 0.00

           Expected Cross-Validation Index (ECVI) = 0.13
       90 Percent Confidence Interval for ECVI = (0.087 ; 0.17)
                 ECVI for Saturated Model = 0.049
                ECVI for Independence Model = 2.64

Chi-Square for Independence Model with 6 Degrees of Freedom = 1067.57
                    Independence AIC = 1075.57
                        Model AIC = 53.58
                      Saturated AIC = 20.00
                    Independence CAIC = 1095.62
                        Model CAIC = 113.75
                      Saturated CAIC = 70.14

                   Normed Fit Index (NFI) = 0.97
                Non-Normed Fit Index (NNFI) = 0.91
             Parsimony Normed Fit Index (PNFI) = 0.32
                Comparative Fit Index (CFI) = 0.97
                Incremental Fit Index (IFI) = 0.97
                  Relative Fit Index (RFI) = 0.91

                     Critical N (CN) = 113.76


             Root Mean Square Residual (RMR) = 0.032
                     Standardized RMR = 0.029
                Goodness of Fit Index (GFI) = 0.97
           Adjusted Goodness of Fit Index (AGFI) = 0.83
           Parsimony Goodness of Fit Index (PGFI) = 0.19
```

```
        Modification Indices for PSI

                    T1          T4
                --------    --------
     T1         14.11
     T4         14.11        14.11


        Expected Change for PSI

                    T1          T4
                --------    --------
     T1          0.17
     T4         -0.08         0.17
```

FIGURA 11.6. *Resultados LISREL del modelo de medida de ítems congenéricos de la Figura 11.4.*

En primer lugar resalta el valor de $\chi^2 = 33,33$ con 2 grados de libertad. Normalmente, este valor conduciría a rechazar el modelo. Sin embargo, si uno mira otros índices de ajuste llegará a una conclusión distinta. Como hemos mencionado en el capítulo 3, para evaluar el rechazo o no de un modelo debemos antes comprobar si la potencia del test es elevada. En el capítulo 3, sugeríamos atender con esta finalidad al cambio esperado en los parámetros y al índice de modificación.

Procediendo así, observamos que si se dejase libre la correlación entre t_1 y t_4 (el elemento de la segunda fila y la primera columna de la matriz PSI en LISREL) el valor del estadístico χ^2 se reduciría en 14,11 (véase el índice de modificación) lo cual es ciertamente una reducción significativa para un grado de libertad. No obstante, si miramos el cambio esperado, vemos que se reduciría en sólo 0,08, por lo que el coeficiente de correlación estimado entre t_1 y t_4 sería 0,92. Claramente, desde un punto de vista sustantivo esta pequeña variación con respecto a la unidad no implicaría un cambio en la opinión del investigador con respecto a que ambas cuestiones miden lo mismo, con lo que ambos ítems serían al menos aproximadamente congenéricos.

Para disponer de estimaciones más precisas del cambio en el estadístico χ^2 y de la correlación entre las puntuaciones verdaderas, se ha estimado también el modelo dejando libre la correlación, ϕ_{21}, entre las dos variables latentes para ser estimada (sólo hay que eliminar la expresión VA 1 PS 2 1 de la sintaxis de la figura 11.5). El mismo análisis se ha llevado a cabo para los otros dos pares de preguntas y los resultados de estos análisis se presentan en la tabla 11.1.

TABLA 11.1. *Contraste de los tres pares de ítems congenéricos.*

	Restricción: $\phi_{21} = 1$			ϕ_{21} libre		
Pares de ítems	χ^2	gl	n	χ^2	gl	$\hat{\phi}_{21}$
$v_1 - v_4$	33,3	2	409	19,6	1	0,92
$v_2 - v_5$	21,7	2	409	16,2	1	0,96
$v_3 - v_6$	37,5	2	409	24,4	1	0,94

Formalmente, deberíamos rechazar las hipótesis de que las correlaciones entre ambas puntuaciones verdaderas son iguales a 1. Sin embargo, desde un punto de vista sustantivo alegaríamos que la potencia de la prueba es excesivamente alta. En efecto, si estas correlaciones se estimasen, variarían entre 0,92 y 0,96, valores que ningún investigador se atrevería a considerar substantivamente alejados de la unidad.

11.4. CONTRASTES PARA MEDIDAS TAU-EQUIVALENTES Y PARALELAS

Hasta el momento hemos considerado ítems *congenéricos*, es decir, indicadores de una misma puntuación verdadera sin parte específica, esto es, sin error sistemático. Sin embargo, algunos estadísticos utilizados en psicometría asumen (por ejemplo, el coeficiente α en el capítulo 12) que además, estos indicadores tengan idénticas unidades, lo que en la práctica se traduciría en especificar λ's y τ's iguales en las figura 11.4. Tales indicadores se conocen entonces como ítems *tau-equivalentes* y tienen la propiedad de tener medias y covarianzas iguales.

De esta forma, tendría sentido contrastar si las dos administraciones del mismo ítem en dos momentos del tiempo son tau-equivalentes. En principio, al ser del mismo ítem, esperaríamos que sí lo fueran. En este caso habría que introducir, además de la restricción $\phi_{21}=1$, las restricciones $\lambda_{11}=\lambda_{21}$, $\lambda_{32}=\lambda_{42}$, $\tau_1=\tau_2$ y $\tau_3=\tau_4$ añadiendo al archivo de sintaxis de la figura 11.5 las líneas:

```
EQ LY 1 1 LY 2 1
EQ LY 3 2 LY 4 2
EQ TY 1 TY 2
EQ TY 3 TY 4
```

El contraste de si v_1 y v_4 son tau-equivalentes tiene más interés. En este caso las restricciones serían $\lambda_{11}=\lambda_{21}=\lambda_{32}=\lambda_{42}$ y $\tau_1=\tau_2=\tau_3=\tau_4$ con lo que las líneas anteriores se substituirían por:

```
EQ LY 1 1 LY 2 1 LY 3 2 LY 4 2
EQ TY 1 TY 2 TY 3 TY 4
```

Las medidas tau-equivalentes son ampliamente consideradas en la *teoría clásica del test* (TCT) desarrollada por psicólogos a finales del siglo XIX para evaluar la fiabilidad de las mediciones (ver Lord y Novick, 1968; Jöreskog, 1971b; Nunnally, 1978 y Batista-Foguet, Coenders y Alonso, 2004) y constituyen la base teórica del mencionado coeficiente α y otras medidas de fiabilidad.

La TCT considera también ítems que además de medir el mismo concepto (congenéricos) y con las mismas unidades (tau-equivalentes), tienen errores de medida aleatorios (e) de la misma magnitud. Por consiguiente, las varianzas θ del error de medida deben ser iguales, y en consecuencia las varianzas de los ítems también. Estos indicadores tan peculiares, que obviamente tienen igual fiabilidad, se conocen como ítems *paralelos* (ver Jöreskog, 1971b).

Para contrastar si las medidas repetidas del mismo ítem son paralelas introduciríamos, además de las restricciones de tau-equivalencia, las nuevas $\theta_{11}=\theta_{22}$ y $\theta_{33}=\theta_{44}$, es decir las líneas de sintaxis:

```
EQ LY 1 1 LY 2 1
EQ LY 3 2 LY 4 2
EQ TY 1 TY 2
EQ TY 3 TY 4
EQ TE 1 1 TE 2 2
EQ TE 3 3 TE 4 4
```

Para contrastar si además v_1 y v_4 son paralelos introduciríamos además de las restricciones de tau-equivalencia las nuevas $\theta_{11} = \theta_{22} = \theta_{33} = \theta_{44}$, es decir, las líneas de sintaxis:

```
EQ LY 1 1 LY 2 1 LY 3 2 LY 4 2
EQ TY 1 TY 2 TY 3 TY 4
EQ TE 1 1 TE 2 2 TE 3 3 TE 4 4
```

La tabla 11.2 muestra los resultados de estas restricciones para el par v_1–v_4. El estadístico χ^2 y sus grados de libertad pueden compararse entre sí para pares de modelos anidados y con los valores 33,3 y 2 de la tabla 11.1.

TABLA 11.2. *Contraste de medidas tau-equivalentes y paralelas para el par v_1 - v_4.*

Modelo	1	2	3	4
restricciones	$\lambda_{11}=\lambda_{21}$ y $\lambda_{32}=\lambda_{42}$ $\tau_1=\tau_2$ y $\tau_3=\tau_4$	$\lambda_{11}=\lambda_{21}=\lambda_{32}=\lambda_{42}$ $\tau_1=\tau_2=\tau_3=\tau_4$	$\lambda_{11}=\lambda_{21}$ y $\lambda_{32}=\lambda_{42}$ $\tau_1=\tau_2$ y $\tau_3=\tau_4$ $\theta_{11}=\theta_{22}$ y $\theta_{33}=\theta_{44}$	$\lambda_{11}=\lambda_{21}=\lambda_{32}=\lambda_{42}$ $\tau_1=\tau_2=\tau_3=\tau_4$ $\theta_{11}=\theta_{22}=\theta_{33}=\theta_{44}$
χ^2 gl	36,76 6	36,99 8	64,87 8	77,48 11

Si comparamos los estadísticos χ^2 del modelo original con el de los modelos 1 y 2, vemos que podemos mantener la hipótesis de que las cuatro mediciones son tau-equivalentes. En cambio, si comparamos el modelo 3 con el modelo 1 o el modelo 4 con el 2, rechazamos que las mediciones sean paralelas.

La figura 11.6 muestra la magnitud de las diferencias entre las saturaciones y las varianzas de error para juzgar si el rechazo de las hipótesis de la tabla 11.2 se debe a diferencias substanciales o a una elevada potencia de los contrastes. Las diferencias entre las saturaciones y los términos constantes son mínimas. En cambio, las diferencias entre las varianzas de error son notables. En particular, la primera medición tiene una varianza de error mayor que la segunda (seguramente por un efecto de aprendizaje), y v_1 tiene una varianza de error mayor que v_4.

Este capítulo permite extraer dos tipos de conclusiones. La primera, más que conclusión, refiere un deseo. Esperaríamos haber mostrado que los tests estadísticos no deben utilizarse de manera automática como a menudo ocurre. Debemos ser conscientes que estos tests pueden ser muy sensibles a algunas restricciones y no a otras (Saris, Satorra y Sörbom, 1987). Por ello, para extraer apropiadas conclusiones de nuestros análisis debemos también fijarnos en el cambio esperado en los parámetros y en la posibilidad de explicaciones (modelos) alternativas.

La segunda, concreta de nuestro ejemplo ilustrativo, conduce a aceptar que las dos afirmaciones incluidas en la misma pregunta, respectivamente relativas a la importancia y a efectos prácticos, miden el mismo concepto, por lo que nos inclinaríamos a considerarlas congenéricas. Esto significa que no importa si las dos afirmaciones se combinan en una misma pregunta y que no importa si ambas afirmaciones se usan como mediciones de una misma variable latente, tal como se hizo en el capítulo 9 para algunas de las variables que aquí se han revelado como congenéricas.

12
ESTRATEGIAS PARA MUESTRAS PEQUEÑAS. SENSIBILIDAD DE LOS CONSUMIDORES A LA MARCA. QUINTO EJEMPLO

12.1. Datos y definición del problema

La sensibilidad a la marca, definida como la consideración de la marca, por parte de los consumidores, en el proceso de evaluación del producto, se ha revelado como una variable importante a tener en cuenta al diseñar una estrategia de marca (Kapferer y Laurent, 1983). La sensibilidad a la marca deriva de una serie de funciones que la marca juega en el proceso de elección del producto. Galí y Coenders (1996), a partir de trabajos previos de Galí (1994), Laurent y Kapferer (1985) y Kapferer y Laurent (1983), definieron cinco funciones de la marca y adaptaron y mejoraron un cuestionario para medirlas:

Garantía (GARANT): indicación por la marca de la alta calidad del producto.

GARANT1	Con una marca conocida estoy seguro que compro unos jeans mejores
GARANT2	Entre varios jeans similares, comprar una marca conocida me garantiza una mejor calidad
GARANT3	Cuando compro unos jeans, si quiero calidad tengo que comprar una marca conocida

Simplificación (SIMPLIF): comunicación por la marca de información que facilita la elección.

SIMPLIF1	Cuando compro unos jeans, mirar la marca me ayuda a elegir
SIMPLIF2	Mirar la marca de los jeans me simplifica la elección
SIMPLIF5	Cuando compro unos jeans, con mirar la marca tengo suficiente para elegir un buen producto

Diferenciación (DIFER): asociación de la marca con características específicas del producto o a la satisfacción de necesidades específicas.

DIFER1	Sólo existen algunas marcas de jeans que ofrecen lo que realmente busco
DIFER2	Relaciono cada marca de jeans con ciertas características diferenciales
DIFER3	No todas las marcas de jeans tienen las características que deseo
DIFER4	Mirar la marca me ayuda a distinguir las características diferenciales de los jeans

Simbolismo-mentalización (SIM_MENT): refuerzo por la marca de la propia personalidad (mentalización) y uso de la marca por parte de los otros para juzgar la personalidad del consumidor (simbolismo).

SYMBOL2	Cuando veo una persona que no conozco, puedo hacerme una idea de cómo es en función de la marca de jeans que compra
SYMBOL3	Cuando la gente se compra unos jeans, la marca le aporta un poco de personalidad
SYMBOL4	Sabiendo las marcas de jeans que consume una persona, puedo llegar a clasificar esta persona
SYMBOL5	En los jeans, la marca refleja la manera de ser del consumidor que los compra
MENTAL2	Las marcas de jeans que compro me aportan cierta información de cómo soy o cómo me gustaría ser
MENTAL3	Comprando una marca determinada de jeans me desmarco de los demás

Genérica (GENERICA): Uso de la marca para referirse a toda una categoría de productos.

GENERIC2	Con algunas marcas de jeans ocurre que cuando pides la marca te estás simplemente refiriendo a la categoría de productos genérica más que a la marca "X".
GENERIC3	Muchas veces la gente, cuando habla, se refiere a la marca "X" de jeans y de hecho quieren decir un tipo de producto, más que la marca específica

Galí y Coenders (1996) especificaron a continuación modelos en los que cada una de las funciones dependía de la involucración del consumidor (Laurent y Kapferer, 1985) y otras variables que tenían que ver con la relación entre el consumidor y el producto.

Importancia (IMPORT): Importancia percibida y significación personal del producto.

IMP_RIS1	El tema de los jeans es un tema que me deja totalmente indiferente
IMP_RIS3	Se puede decir que el tema de los jeans me interesa
IMP_RIS5	Doy mucha importancia a los jeans

Riesgo (RIESGO): Importancia de las consecuencias negativas en el caso de una mala elección.

IMP_RIS2	Es muy engorroso haber comprado unos jeans que no se ajustan a lo que deseo
IMP_RIS4	Si después de haber comprado unos jeans veo que me he equivocado, me preocuparía mucho
IMP_RIS6	Si uno se equivoca cuando compra unos jeans, las consecuencias del error no son muy graves

Probabilidad de elección incorrecta (P_ERROR): Probabilidad percibida de cometer una mala elección.

P_ERROR1	Cuando compramos unos jeans no acabamos nunca de estar completamente seguros de haber escogido los adecuados
P_ERROR3	Cuando compramos unos jeans no estamos del todo seguros de haber elegido bien
P_ERROR4	Cuando me encuentro en la tienda delante de muchos jeans me encuentro algo desorientado para elegir

Competencia (COMPET): Capacidad percibida del consumidor para elegir bien el producto.

COMPET1	Sé elegir los jeans
COMPET2	En materia de jeans no me considero muy experto
COMPET3	Sé todo lo que hay que tener en cuenta para distinguir los distintos jeans

Cada ítem se puntuaba entre 1 y 5, donde 1 quería decir "completamente en desacuerdo" y 5 "completamente de acuerdo". El nombre del ítem consta del nombre abreviado de la función de la marca y el número del ítem en el cuestionario de Galí y Coenders (1996). Estos números no son correlativos porque Galí y Coenders descartaron algunos ítems por ser poco válidos. Tal como se deduce del texto de los ítems, algunos están redactados en sentido negativo y se han recodificado, de modo que 5 sea la puntuación mínima y 1 la máxima.

Galí y Coenders usaron 254 evaluaciones referidas a varios productos diferentes, realizadas por una muestra de 138 individuos. Por lo tanto, las observaciones de un mismo individuo eran dependientes, lo que impedía el cálculo de estadísticos de contraste y errores estándar. Ver Galí y Coenders (1996) para los detalles sobre los datos y la muestra.

En este capítulo proponemos analizar sólo un producto (pantalones tipo "jeans") a fin de garantizar la independencia de las observaciones, lo que supone trabajar con una muestra de tan solo 124 evaluaciones de otros tantos individuos (una vez depurados los datos) para un modelo bastante complejo, con 9 variables latentes y 32 variables observables.

12.2. Modelos de ecuaciones estructurales y muestras pequeñas

Las muestras pequeñas con modelos de ecuaciones estructurales presentan una serie de problemas graves (Boomsma, 1983; Boomsma y Hoogland, 2001):

1) No convergencia del algoritmo de estimación.
2) Soluciones no admisibles, debido por ejemplo a varianzas negativas.
3) Inexactitud de los errores estándar y de los estadísticos de contraste.
4) Baja potencia de los contrastes estadísticos.

En un principio, se pensó que estos problemas sólo dependían del tamaño muestral, para el que Boomsma (1983) recomendaba un valor mínimo de 200. También se pensó que el tamaño de muestra necesario dependía del tamaño del modelo (léase número de variables observables, número de parámetros, o número de varianzas y covarianzas). Más adelante se vio que eran otros los factores que gobernaban la relación entre el tamaño muestral y este tipo de problemas (Satorra y Saris, 1982; Saris y Satorra, 1988; Boomsma y Hoogland, 2001) de modo que este tamaño orientativo de N = 200 es válido sólo para casos muy particulares.

Así, la no convergencia y las soluciones no admisibles pueden representar un problema con tamaños de muestra inferiores a 200 para modelos con tres indicadores por factor, pero para modelos con cuatro indicadores por factor, un tamaño de muestra del orden del centenar es suficiente. Asimismo, un mayor porcentaje de varianza de los indicadores explicada por los factores (mayor calidad de la medición) reduce también los problemas de no convergencia y soluciones no admisibles (Boomsma y Hoogland, 2001). El tamaño de muestra necesario para evitar este tipo de problemas es relativamente independiente del tamaño del modelo, si bien el número de parámetros a estimar tiene que ser siempre inferior al tamaño muestral. Nuestro modelo de análisis factorial confirmatorio con 32 variables y 9 factores tiene 100 parámetros y, para N = 124, se acercaría al límite.

Para la corrección de errores estándar y estadísticos de contraste (es decir, para que los errores estándar permitan construir intervalos a los que realmente pueda asignárseles una confianza del 95% de incluir el verdadero valor del parámetro, y para que los estadísticos de contraste, con un nivel de significación del $\alpha = 5\%$, rechacen modelos correctos realmente el 5% de las veces), el factor clave es el tipo de estadístico de contraste y error estándar utilizados (Fouladi, 2000). Aquellos basados en normalidad requieren unos tamaños de muestra del orden de 200 para ser correctos (Boomsma, 1983; Boomsma y Hoogland, 2001), pero por supuesto son incorrectos cuando la distribución no es normal. El estadístico χ^2 robusto de Satorra y Bentler y los errores estándar robustos frente a no normalidad disponibles en LISREL requieren tamaños de muestra mayores (del orden de 400 o incluso superiores, Boomsma y Hoogland, 2001). Para tamaños de muestra pequeños estamos totalmente desprotegidos ante la no normalidad, pues incluso los métodos no paramétricos (como *bootstrap*) para obtener estadísticos robustos requieren muestras grandes (Nevitt y Hancock, 2001).

Una cosa es que los errores estándar y estadísticos de contraste estén correctamente calculados, y otra que sean suficientemente pequeños los unos para tener estimaciones precisas, y suficientemente potentes los otros para rechazar hipótesis falsas. En este aspecto, Satorra y Saris (1982) y Saris y Satorra (1988) muestran que una vez más el tamaño de la muestra no es lo único que cuenta. Tan o más importantes son los valores de los parámetros del modelo. Nuevamente nos encontramos con que un mayor porcentaje de varianza de los indicadores explicada por los factores (mayor calidad de la medición) conduce a estimaciones más precisas y contrastes más potentes.

Podemos, pues, concluir que el tamaño de muestra pequeño puede representar un problema ante:

1) Distribuciones no normales.
2) Modelos muy grandes.
3) Modelos con pocos indicadores por dimensión.
4) Modelos con indicadores cuya calidad de medición es baja.

En nuestro caso nos afectan por lo menos dos de las limitaciones mencionadas: la distribución es no normal (las variables son discretas medidas con una escala de 5 puntos) y el modelo es poco parco. La calidad de medición está todavía por ver.

Adviértase que un tamaño de muestra alrededor del centenar como el nuestro podría ser suficiente con datos normales, cuatro o más indicadores por factor con calidad de medición alta y un número de factores más reducido. También sería suficiente con datos no normales si sólo estuviésemos interesados en las estimaciones muestrales, sin pretender inferir los valores de los parámetros en la población. Tamaños inferiores al centenar se consideran pequeños en casi cualquier circunstancia.

12.3. El método de los mínimos cuadrados parciales y el modelado blando

A principios de los 80 aún no se habían desarrollado métodos robustos frente a no normalidad y los modelos de ecuaciones estructurales eran a menudo criticados por esta limitación. En esta misma época, Wold (1982) acuñó la expresión "soft modeling" que podemos traducir como "modelado blando" para referirse a un modelado estadístico exploratorio que comparte las características siguientes:

1) Teoría pobre sobre el fenómeno de estudio.
2) Elevado número de variables (precisamente porque la teoría no es todavía capaz de descartar las no relevantes).
3) Muestras pequeñas, habituales también en estudios exploratorios.
4) Desconocimiento de la forma de distribución de las variables.
5) Objetivo predictivo: no se trata de estimar y contrastar unos parámetros poblacionales sino de predecir lo mejor posible una o más variables latentes dependientes.

Wold (1975) desarrolló los "partial least squares" que traducimos por "mínimos cuadrados parciales". La técnica es análoga a una regresión mínimo cuadrática en la cual las variables latentes se obtuviesen como componentes principales, es decir, como una suma ponderada de los indicadores de cada variable latente con ponderaciones optimizadas iterativamente. Por lo tanto, esta técnica comparte con la regresión mínimo cuadrática la optimalidad de sus predicciones. Los errores estándar se calculan por el método de "jacknife" (ver Shao y Tu, 1995) y por lo tanto no requieren normalidad. Para una introducción al método de los mínimos cuadrados parciales ver Fornell y Cha (1994) o Chin (1998).

Los mínimos cuadrados parciales se adaptaban a las situaciones de modelado blando y no requerían normalidad. Por este motivo, gozaron de una cierta popularidad en los años 1980. No obstante, la técnica tiene una serie de graves inconvenientes (O'Loughlin y Coenders, 2004):

1) Sus estimaciones están sesgadas (e.g. Dijkstra, 1983; Widaman, 1993).
2) No se facilita un contraste de significación de los parámetros omitidos análogo a la χ^2 o a los índices de modificación.
3) No permite incorporar avances recientes en modelos de ecuaciones estructurales (e.g. estimación con múltiples grupos con restricciones –capítulo 7– tratamiento de los valores ausentes por máxima verosimilitud –capítulo 6–, restricciones no lineales –capítulo 5–).

Estos inconvenientes pueden parecer menos graves a los usuarios en el modelado blando. En estudios exploratorios no se suelen aplicar opciones sofisticadas y por añadidura los modelos distan siempre mucho de ser correctos. En tales casos, no es recomendable atender al valor del estadístico χ^2. Asimismo, si el objetivo del análisis es realizar previsiones, el hecho de que el modelo sea o no correcto y el hecho de que las estimaciones estén sesgadas representan inconvenientes menores.

Recientemente, ha renacido un interés en los mínimos cuadrados parciales, cuyas aplicaciones se han multiplicado. Una búsqueda del término "partial least squares" en títulos o abstracts de revistas del "social science citation index" entre 1990 y 2003 da un total de 129 impactos, de los que el 74% son de 1996 o posteriores. La mayoría de estas aplicaciones no encajan bien en el concepto de modelado blando, que parece haberse mistificado (McDonald, 1996), y en particular no usan la técnica con finalidad predictiva, la única para la cual el sesgo no sería un inconveniente grave.

Traer a colación los mínimos cuadrados parciales en este capítulo se debe exclusivamente a su capacidad para trabajar con modelos grandes y muestras pequeñas. No obstante, ello no debe hacer olvidar sus graves inconvenientes, de forma que sólo recomendamos los mínimos cuadrados parciales como solución al problema de las muestras pequeñas en aplicaciones que realmente encajen en la filosofía del modelado blando, y sobretodo que tengan carácter puramente predictivo, es decir, cuando no interese ni estimar ni contrastar los parámetros del modelo (Coenders, Bisbe, Saris y Batista-Foguet, 2003).

12.4. Estrategia alternativa para muestras pequeñas en situaciones que no son de modelado blando. Relaciones desatenuadas entre escalas sumadas

Dado que en la mayoría de las investigaciones tiene interés estimar los valores poblacionales de los parámetros de un modelo teórico, los mínimos cuadrados parciales no constituyen una alternativa válida.

Con carácter previo a la aparición de los modelos de ecuaciones estructurales y de los mínimos cuadrados parciales, la práctica habitual para estimar relaciones entre variables medidas con error era sumar las puntuaciones de las preguntas que se asumía medían una misma variable latente en las llamadas *escalas sumadas o de Likert* (Likert, 1932; Spector, 1992). A continuación se estimaban modelos de regresión mínimo cuadrática que relacionaban estas escalas sumadas.

Desde hace tiempo sabemos que la suma de las puntuaciones de varias mediciones es más fiable que una medición tomada aisladamente, porque los errores, que son al azar positivos y negativos, tienden a compensarse (Simpson, 1755). No obstante, las escalas sumadas (en adelante ES) continúan teniendo error de medición. Sólo serían perfectamente fiables si la fiabilidad de los indicadores individuales ya fuera perfecta, o si existiera un infinito número de ellos. Dado que las ES tienen error de medición, las estimaciones de las ecuaciones de regresión que las relacionan estarán sesgadas. De hecho, ocurre exactamente lo mismo que con los mínimos cuadrados parciales, con la única diferencia que en éstos las sumas de los ítems son ponderadas en lugar de simples.

También se sabe desde hace tiempo, (Spearman, 1904; Lord y Novick, 1968) que la fiabilidad de una medición contiene la información necesaria para corregir el sesgo, en lo que se conoce como corrección por atenuación. En este libro proponemos una manera sencilla de recuperar esta idea utilizando el programa LISREL (Coenders, Bisbe, Saris y Batista-Foguet, 2003).

El primer paso para la corrección por atenuación (llamada también desatenuación) es la estimación de la fiabilidad de las ES. Dicha estimación tradicionalmente se realiza por medio del coeficiente α (Cronbach, 1951) aunque adolece de importantes limitaciones:

1) Asume que los ítems de cada ES son tau-equivalentes (en el capítulo 11 hemos visto que es un supuesto bastante restrictivo). En caso contrario, las estimaciones de la fiabilidad pueden estar muy alejadas de la realidad (Cortina, 1993; Batista-Foguet, Coenders y Alonso, 2004; Raykov, 2001).
2) No somete la asunción anterior a contraste alguno.

Como alternativa a α, proponemos una medida de fiabilidad de las ES basada en el análisis factorial confirmatorio (Raykov, 2001) y que es equivalente al coeficiente Ω de Heise y Bohrnstedt (1970). En lugar de asumir que las mediciones son tau-equivalentes, sólo se asume que el modelo de análisis factorial confirmatorio es adecuado para los datos, es decir, que los indicadores son válidos. La violación de esta asunción quedaría en todo caso patente por un mal ajuste del modelo.

Las etapas de todo el proceso que proponemos para estimar relaciones corrigiendo el efecto de la atenuación serían:

1) Subdividir las variables en pequeños modelos de análisis factorial confirmatorio con un reducido número de factores cada uno. De este modo contribuimos a paliar los problemas de muestra pequeña.
2) Ajustar estos modelos y modificarlos eliminando variables poco válidas (ver Batista-Foguet y Coenders, 2000). Dado que la muestra es demasiado pequeña para estadísticos de contraste robustos, si los datos no son normales deben utilizarse sólo medidas descriptivas con la finalidad de comprobar la bondad del ajuste.
3) Calcular las ES, simplemente sumando para cada dimensión todos los indicadores válidos de la misma según el modelo de análisis factorial confirmatorio. Calcular la matriz de varianzas y covarianzas de las ES.
4) Si no hay errores de medición correlacionados (Raykov, 2001), se puede calcular el coeficiente Ω para cada ES a partir de las estimaciones de los modelos de análisis factorial confirmatorio de la etapa 2, como:

$$\Omega = 1 - \frac{\sum_{j=1}^{p}\left[\operatorname{var}\left(\theta_{jj}\right)\right]}{\operatorname{var}(ES)} = 1 - \frac{\sum_{j=1}^{p}\left[\operatorname{var}\left(v_j\right)\times\left(1-\kappa_j\right)\right]}{\operatorname{var}(ES)} \tag{12.1}$$

donde Var(ES) es la varianza de la ES que tiene p indicadores $v_1, \ldots, v_p$. Dentro del sumatorio del numerador está la varianza del error θ_{jj} de cada uno de los indicadores, que también puede obtenerse como la varianza total del indicador por uno menos el porcentaje κ de varianza del indicador explicada por el factor latente, porcentaje a menudo llamado comunalidad en la literatura sobre análisis factorial. $1-\kappa$ coincide con la varianza de error estandarizada.
5) Calcular para cada ES la varianza libre de error como:

$$\operatorname{var}(ES) - \sum_{j=1}^{p}\left[\operatorname{var}\left(\theta_{jj}\right)\right] = \Omega \ \operatorname{var}(ES) \tag{12.2}$$

y sustituir las varianzas libres de error en la diagonal de la matriz calculada en la etapa 3.

6) Especificar un modelo con las ES como si fueran variables observables. Utilizar como datos la matriz calculada en la etapa 5. Al utilizar como datos sólo la matriz de varianzas y covarianzas se está asumiendo normalidad. Afortunadamente, en virtud del teorema del límite central, una suma de indicadores tiende a distribuirse normalmente, en mayor medida que un indicador considerado aisladamente.
7) Estimar e interpretar el modelo de la manera habitual. Debe tenerse en cuenta que los intervalos de confianza y los estadísticos de contraste son aproximados debido a que se han tratado como conocidos unos coeficientes Ω que son sólo estimados.

12.5. SINTAXIS Y RESULTADOS PARA EL EJEMPLO

1) Hemos subdividido las variables latentes en tres modelos, tal como se muestra en las figuras 12.1 a 12.3.
2) Para mejorar el ajuste hubo que eliminar algunos indicadores inválidos, por lo que los diagramas omiten algunas de las

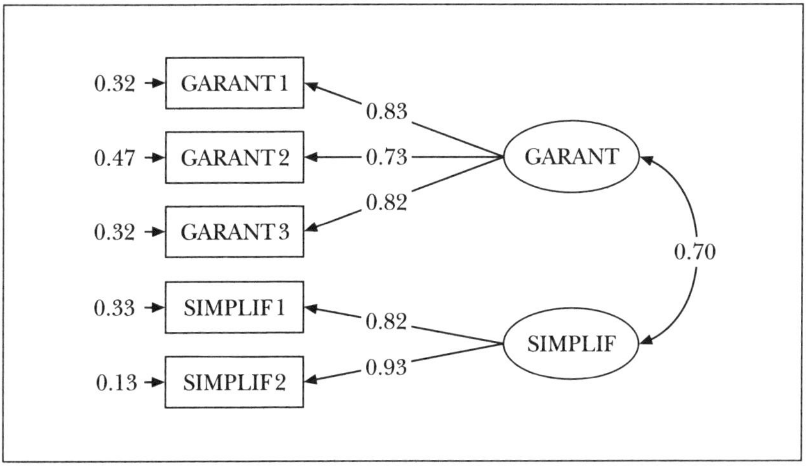

FIGURA 12.1. *Diagrama del primer modelo parcial. Estimaciones estandarizadas. NNFI = 0,992; CFI = 0,997.*

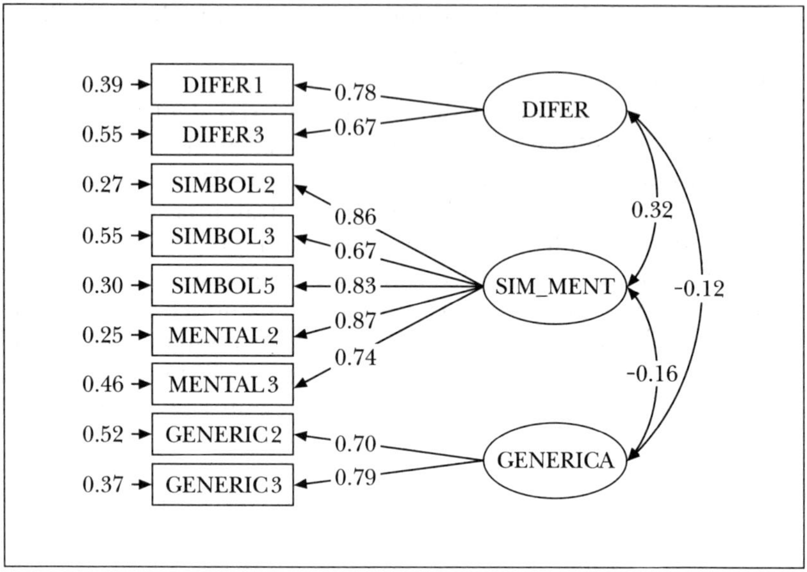

FIGURA 12.2. *Diagrama del segundo modelo parcial. Estimaciones estandarizadas. NNFI = 0,995; CFI = 0,997.*

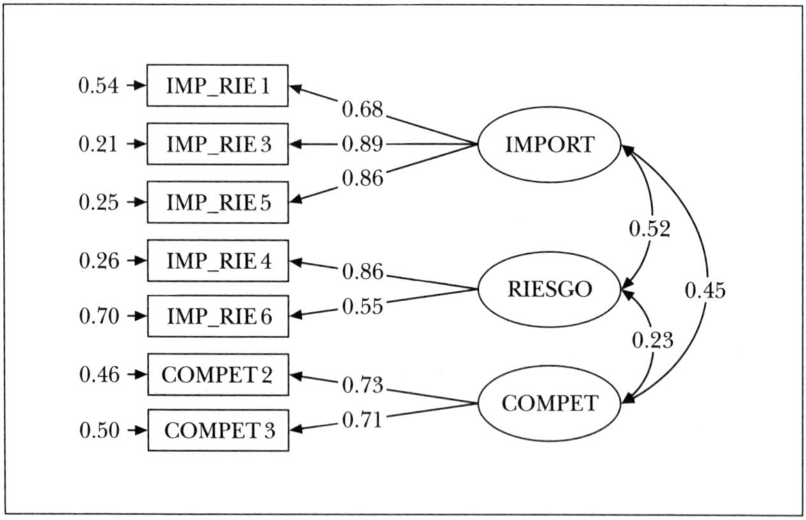

FIGURA 12.3. *Diagrama del tercer modelo parcial. Estimaciones estandarizadas NNFI = 0,983; CFI = 0,991.*

variables de la sección 12.1. Finalizado el proceso, la bondad del ajuste, según los estadísticos NNFI y CFI (ver Batista y Coenders, 2000) es más que aceptable. Los diagramas muestran las estimaciones estandarizadas, con lo que la varianza de los errores coincide con $1-\kappa$. Las matrices de covarianzas utilizadas en la estimación se hallan en la tabla 12.1.

TABLA 12.1. *Matrices de covarianzas para cada uno de los tres modelos parciales.*

	garant1	garant2	garant3	simplif1	simplif2				
garant1	1,175								
garant2	0,599	0,925							
garant3	0,884	0,660	1,359						
simplif1	0,559	0,551	0,611	1,348					
simplif2	0,687	0,616	0,689	1,046	1,402				
	difer1	difer3	simbol2	simbol3	simbol5	mental2	mental3	generic2	generic3
difer1	1,302								
difer3	0,607	1,039							
simbol2	0,279	0,257	1,428						
simbol3	0,244	0,213	0,735	1,415					
simbol5	0,236	0,202	1,066	0,776	1,399				
mental2	0,362	0,280	1,049	0,880	0,998	1,442			
mental3	0,136	0,115	0,850	0,708	0,779	0,892	1,263		
generic2	-0,137	0,009	-0,153	-0,001	-0,235	-0,180	0,072	1,406	
generic3	-0,142	-0,021	-0,134	-0,108	-0,250	-0,143	-0,035	0,763	1,369
	imp_rie1	imp_rie3	imp_rie5	imp_rie4	imp_rie6	compet2	compet3		
imp_rie1	1,381								
imp_rie3	0,885	1,551							
imp_rie5	0,788	1,107	1,331						
imp_rie4	0,470	0,592	0,554	1,486					
imp_rie6	0,502	0,322	0,439	0,769	1,791				
compet2	0,306	0,422	0,400	0,169	0,037	1,345			
compet3	0,209	0,444	0,301	0,257	0,052	0,655	1,174		

3) Hemos calculado las ES con los ítems de una misma dimensión. Por ejemplo:

$$GARANT = GARANT1 + GARANT2 + GARANT3 \qquad (12.3)$$

La tabla 12.2 muestra las varianzas y covarianzas de todas las ES. El contraste de normalidad multivariante disponible en PRELIS (cuya hipótesis nula estipula que asimetría y curtosis multivariante son simultáneamente cero) sostendría la hipótesis de normalidad para las ES (p- valor = 0,059).

TABLA 12.2. *Matriz de covarianzas de las ES.*

	garant	simplif	difer	simment	generica	import	riesgo	compet
garant	7,745							
simplif	3,712	4,843						
difer	2,499	2,132	3,554					
simment	4,259	2,648	2,323	24,414				
generica	0,257	0,500	-0,291	-1,166	4,301			
import	2,659	2,941	2,460	6,597	0,262	9,822		
riesgo	0,449	0,603	0,755	4,493	0,490	2,879	4,816	
compet	0,550	0,750	0,553	2,563	-0,522	2,083	0,515	3,828

4) La tabla 12.3 muestra el cálculo de la varianza libre de error según las ecuaciones 12.1 y 12.2 y sirviéndonos de la información de las figuras 12.1 a 12.3 y de las tablas 12.1 y 12.2.
5) La figura 12.4. muestra la sintaxis SIMPLIS que incluye la matriz de covarianzas entre las ES, en donde las varianzas libres de error de la tabla 12.3 se hallan substituidas en la diagonal.
6) El modelo teórico de la sección 2.1 se ilustra en la figura 12.5, cuya sintaxis corresponde con la de la figura 12.4. Obsérvese el tratamiento de todas las variables como observables y las correlaciones entre las perturbaciones. Esto último se debe a que el modelo no pretende explicar la totalidad de la varianza sistemática de las funciones de la marca. La varianza no explicada que pueda compartirse entre distintas funciones queda recogida en estas covarianzas de error. El modelo tiene cero grados de libertad.
7) La estimación por máxima verosimilitud según la sintaxis de la figura 12.4 conduce a los resultados de la primera fila de la tabla 12.4. Por simplicidad, sólo presentamos estimaciones estandarizadas de los parámetros que representan efectos sobre las funciones de la marca (marcados con un aste-

risco los estadísticamente significativos al 5%) y porcentajes de varianza explicada de cada función. Dado que los grados de libertad del modelo son cero, no procede el cálculo de medidas globales de bondad del ajuste. Obviamente, cabría embarcarse en un proceso de modificación del modelo eliminando alguno de los efectos no significativos, que condujera a un modelo con grados de libertad, pero este aspecto ya fue suficientemente tratado en Batista-Foguet y Coenders (2000).

TABLA 12.3. *Cálculo de Ω para cada dimensión.*

	varianza ítem. var (v_i) en tabla 12.1	varianza error estandarizada. 1-κ en figuras 12.1 a 12.3	varianza ES. var(ES) en tabla 12.2	varianza error. ∑var(v)(1-κ) en ecuación 12.1	Ω en ecuación 12.1	varianza libre de error. Ω var(ES) en ecuación 12.2
GARANT1	1,175	0,317				
GARANT2	0,925	0,473	7,745	1,250	0,839	6,495
GARANT3	1,359	0,324				
SIMPLIF1	1,348	0,333				
SIMPLIF2	1,402	0,132	4,843	0,634	0,869	4,209
DIFER1	1,302	0,392				
DIFER3	1,039	0,551	3,554	1,083	0,695	2,471
SIMBOL2	1,428	0,265				
SIMBOL3	1,415	0,555				
SIMBOL5	1,399	0,303	24,414	2,521	0,897	21,893
MENTAL2	1,442	0,249				
MENTAL3	1,263	0,455				
GENERIC2	1,406	0,517				
GENERIC3	1,369	0,375	4,301	1,240	0,712	3,061
IMP_RIE1	1,381	0,540				
IMP_RIE3	1,551	0,207				
IMP_RIE5	1,331	0,254	9,822	1,405	0,857	8,417
IMP_RIE4	1,486	0,258				
IMP_RIE6	1,791	0,700	4,816	1,637	0,660	3,179
COMPET2	1,345	0,460				
COMPET3	1,174	0,497	3,828	1,202	0,686	2,626

```
relaciones desatenuadas entre escalas sumadas
observed variables
GARANT SIMPLIF  DIFER SIMMENT GENERICA  IMPORT  RIESGO  COMPET
covariances
 6.495
 3.712   4.209
 2.499   2.132   2.471
 4.259   2.648   2.323  21.893
 0.257   0.500  -0.291  -1.166    3.061
 2.659   2.941   2.460   6.597    0.262   8.417
 0.449   0.603   0.755   4.493    0.490   2.879   3.179
 0.550   0.750   0.553   2.563   -0.522   2.083   0.515   2.626
sample size 124
relationships
GARANT SIMPLIF DIFER SIMMENT GENERICA = IMPORT RIESGO COMPET
let the disturbances of GARANT SIMPLIF DIFER SIMMENT GENERICA correlate
let the disturbances of SIMPLIF DIFER SIMMENT GENERICA correlate
let the disturbances of DIFER SIMMENT GENERICA correlate
let the disturbances of SIMMENT GENERICA correlate
options sc
end of problem
```

FIGURA 12.4. *Sintaxis SIMPLIS de relaciones desatenuadas entre ES.*

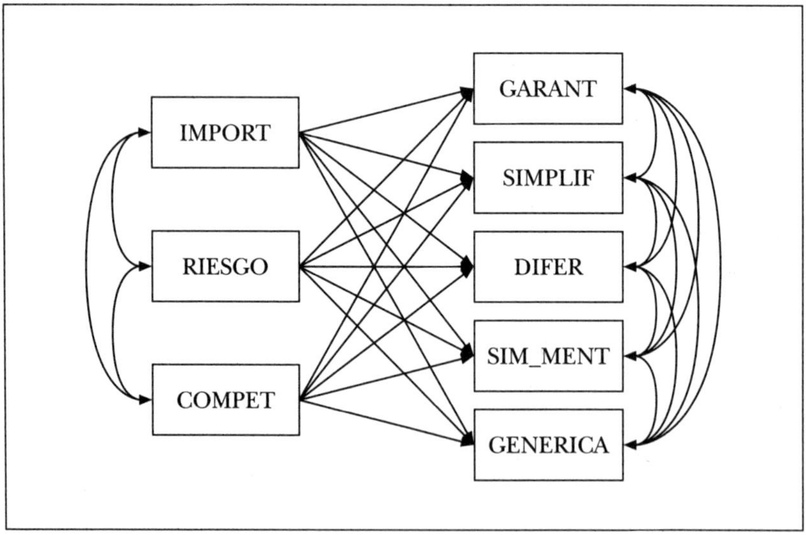

FIGURA 12.5. *Diagrama de las relaciones entre dimensiones.*

Según la tabla 12.4 tenemos efectos significativos de la importancia del producto para el consumidor sobre las funciones de garantía, simplificación y diferenciación. En definitiva, cuanto más importante sea el producto para el consumidor, más utilizará la marca para asegurarse una fácil elección correcta y de calidad. El riesgo (consecuencias negativas de una elección incorrecta) y la competencia (capacidad de realizar una elección correcta) se asocian sobre todo a las funciones simbólicas de la marca, lo que no tiene nada de raro teniendo en cuenta que nos estamos refiriendo a los pantalones jeans. Por último, la función genérica es usada, como era de esperar, por consumidores con poco conocimiento (competencia sobre el producto), aunque se trata de una función de importancia substantiva muy secundaria desde el punto de vista del marketing y que además tiene el porcentaje de varianza explicada más bajo.

TABLA 12.4. *Efectos estandarizados de la dimensión columna sobre la dimensión fila y coeficiente de determinación.*

		IMPORT	RIESGO	COMPET	R^2
Relaciones desatenuadas entre ES	GARANT	0,46*	-0,15	-0,05	0,15
	SIMPLIF	0,59*	-0,16	-0,01	0,26
	DIFER	0,58*	-0,05	-0,03	0,29
	SIMMENT	0,18	0,41*	0,19*	0,37
	GENERICA	0,07	0,16	-0,24*	0,07
Regresión mínimo cuadrática sobre ES	GARANT	0,33*	-0,07	0,00	0,10
	SIMPLIF	0,44*	-0,06	0,03	0,19
	DIFER	0,41*	0,01	0,01	0,17
	SIMMENT	0,26*	0,29*	0,14	0,27
	GENERICA	0,05	0,11	-0,16	0,03
Mínimos cuadrados parciales	GARANT	0,34*	-0,05	0,02	0,10
	SIMPLIF	0,44*	-0,05	0,03	0,19
	DIFER	0,41*	0,01	0,01	0,17
	SIMMENT	0,25*	0,30*	0,14	0,28
	GENERICA	0,05	0,10	-0,16	0,03

* Significativo según el estadístico t (p-valor=5%)

A fin de ilustrar el efecto del sesgo del error de medición, la tabla 12.4 también incluye los resultados de la regresión mínimo cuadrática sobre ES (sin corregir por atenuación) y de mínimos cuadrados parciales. Los resultados de ambos enfoques, debido al efecto de la atenuación, conducen a un menor número de efectos significativos y a menores porcentajes de varianza explicada que el enfoque que proponemos. En cambio, si comparamos entre sí ambos enfoques, los resultados son sorprendentemente próximos. De hecho, la principal diferencia entre ellos es, como se ha dicho, el uso de sumas simples o ponderadas, y parece que las ponderaciones tienen un efecto menor sobre los resultados (McDonald, 1996) que la desatenuación propuesta.

Hemos visto, pues, una manera sencilla de ajustar modelos sobre muestras pequeñas. El proceso descrito también es útil para modelos demasiado grandes como para analizar todas las variables simultáneamente (unas 50 variables acostumbran a ser el límite aconsejable), aunque el tamaño de la muestra no sea pequeño.

CITAS BIBLIOGRÁFICAS

ABURCKLE, J. L. (1996): "Full information estimation in the presence of incomplete data", en MARCOULIDES, G. A. y SCHUMACKER, R. E. (Eds.), *Advanced structural equation modeling* (págs. 243-277). Erlbaum, Mahwah, NJ.

ABURCKLE, J. L. y WOTHKE, W. (1999): *Amos (Version 4.0)*, Smallwaters, Chicago, IL.

AJZEN, I. (1985): "From intentions to actions: A theory of planned behavior", en KHUL, J. y BECKMANN, J. (Eds.), *Action-control: from cognition to behavior* (págs. 11-39). Springer, Heidelberg, Alemania.

AJZEN, I. (1991): "The theory of planned behavior", *Organizational Behavior and Human Decision Processes, 50*, págs. 179-211.

AJZEN, I. y FISHBEIN, M. (1980): *Understanding attitudes and predicting social behavior.* Prentice-Hall, Englewood Cliffs, NJ.

ALGINA, J. y MOULDER, B. C. (2001): "A note on estimating the Jöreskog –Yang model for latent variable interaction using LISREL 8.3", *Structural Equation Modeling, 8*, págs. 40-52.

ALLISON, P. D. (1987): "Estimation of linear models with incomplete data", en CLOGG, C. C. (Ed.), *Sociological methodology, 1987* (págs. 71-103). American Sociological Association, Washington DC.

ANDERSON, T. W. (1984): *An introduction to multivariate statistical analysis* (2nd ed.), Wiley, New York.

ARMINGER, G. y SOBEL, M. E. (1990): "Pseudo maximum likelihood estimation of mean and covariance structures with missing data", *Journal of the American Statistical Association, 85*, págs. 195-203.

BAGOZZI, R. P y YI, Y. (1989): "On the use of structural equation models in experimental designs", *Journal of Marketing Research, 26*, págs. 271-284.

BAGOZZI, R. P. y YI, Y. (1994): "Advanced topics in structural equation models", en BAGOZZI, R. P. (Ed.), *Advanced methods of marketing research* (págs. 1-52). Blackwell, Cambridge, MA.

BATISTA-FOGUET, J. M. y COENDERS, G. (1998): "Introducción a los modelos estructurales. Utilización del análisis factorial confirmatorio para la depuración de un cuestionario", en RENOM, J. (Ed.), *Tratamiento informatizado de datos* (págs. 229-286). Masson, Barcelona.

BATISTA-FOGUET, J. M. y COENDERS, G. (2000): *Modelos de ecuaciones estructurales*, La Muralla, Madrid.

BATISTA-FOGUET. J. M., COENDERS, G. y ALONSO, J. (2004): "Análisis factorial confirmatorio. Su utilidad en la validación de cuestionarios relacionados con la salud" , *Medicina Clínica, 122,* págs. 21-27.

BATISTA-FOGUET, J. M., COENDERS, G. y ARTÉS-FERRAGUD, M. (2001): "Using structural equation models to evaluate the magnitude of measurement error in blood pressure", *Statistics in Medicine, 20,* págs. 2351-2368.

BATISTA-FOGUET, J. M., COENDERS, G. y SARIS, W. E. (2004): "A parsimonious approach to interaction effects in structural equation models: An application to consumer Behavior", *ESADE working papers, 183,* págs. 1-28.

BATISTA-FOGUET, J. M., COENDERS, G., SARIS, W. E. y BISBE, J. (2004): "Simultaneous estimation of indirect and interaction effects using structural equation models", *Metodološki Zvezki, 1,* págs. 163-184.

BATISTA-FOGUET, J. M. y SARIS, W. E. (1997): "Tests of stability in attitude research", *Quality & Quantity, 31,* págs. 269-285.

BENTLER, P. M. (1990): "Comparative fit indexes in structural modeling", *Psychological Bulletin, 107,* págs. 238-246.

BENTLER, P. M. (2000): *EQS 6.0,* Multivariate Software, Encino, CA.

BOLLEN, K. A. y PAXTON, P. (1998): "Interactions of latent variables in structural equation models", *Structural Equation Modeling, 5,* págs. 267-293.

BOOMSMA, A. (1983): *On the robustness of LISREL (maximum likelihood estimation) against small sample size and nonnormality.* Sociometric Research Foundation, Amsterdam.

BOOMSMA, A. y HOOGLAND, J. (2001): "The robustness of LISREL modeling revisited", en CUDECK, R., DU TOIT, S. y SÖRBOM, D. (Eds.), *Structural equation modeling: present and future* (págs. 139-168). Scientific Software International, Lincolnwood, Il.

BRANNICK, M. T. (1995): "Critical comments on applying covariance structure modeling", *Journal of Organizational Behaviour, 16,* págs. 201-213.

BYRNE, B. M., SHAVELSON, R. J. y MUTHÉN, B. (1989): "Testing for the equivalence of factor covariance and mean structures: the issue of partial measurement invariance", *Psychological Bulletin, 105,* págs. 456-466.

CASAS, F., GONZÁLEZ, M., FIGUER, C. y COENDERS, G. (2004): "Subjective well-being, values and goal achievement: the case of planned versus by chance searches on the internet", *Social Indicators Research, 66,* págs. 123-142.

CHEUNG, G. W. y RENSVOLD, R. B. (2002): "Evaluating goodness-of-fit indexes for testing measurement invariance", *Structural Equation Modeling, 9,* págs. 233-255.

CHIN, W. W. (1998): "The partial least squares approach to structural equation modelling", en Marcoulides, G. A. (ed.) *Modern methods for business research* (págs. 237-246). Lawrence Erlbaum, Mahwah, NJ.

COENDERS, G., BATISTA-FOGUET, J. M. y SATORRA, A. (1995): "Scale dependence of the true score MTMM model", en SARIS, W. E. y MÜNNICH, Á. (Eds.), *The multitrait-multimethod approach to evaluate measurement instruments* (págs. 71-87). Eötvös University Press, Budapest.

COENDERS, G., BISBE, J. SARIS, W. E. y BATISTA-FOGUET, J. M. (2003): "Moderating effects of management control systems and innovation on performance. Simple methods for correcting the effects of measurement error for interaction effects in small samples", *Working Papers of the Department of Economics, University of Girona, 7,* 1-21. http://www.udg.edu/fcee/economia/english/document.htm

COENDERS, G., CASAS, F., FIGUER, C. y GONZÁLEZ, M. (en prensa): "Relationships between parents' and children's values and overall life satisfaction. A comparison across countries", *Social Indicators Research*

COENDERS, G., ESPINET, J. M. y SAEZ, M. (2003): "Predicting random level and seasonality of hotel prices. A latent growth curve approach", *Tourism Analysis, 8,* págs. 15-31.

COENDERS, G. y SARIS, W. E. (1998): "Relationship between a restricted correlated uniqueness model and a direct product model for multitrait-multimethod data", *Metodološki Zvezki, 14,* págs. 151-172.

COENDERS, G. y SARIS, W. E. (2000a): "Systematic and random method effects. Estimating method bias and method variance", *Metodološki Zvezki, 15,* págs. 55-74.

COENDERS, G. y SARIS, W. E. (2000b): "Testing nested additive, multiplicative and general multitrait-multimethod models", *Structural Equation Modeling,* 7, págs. 219-250.

COENDERS, G., SATORRA, A. y SARIS, W. E. (1997): "Alternative approaches to structural modeling of ordinal data, a Monte Carlo study", *Structural Equation Modeling,* 4, págs. 261-282.

COHEN, J. y COHEN, P. (1983): *Applied multiple regression/correlation analysis for the behavioral sciences.* Lawrence Erlbaum, Hillsdale.

COLLINS, L. M., SCHAFER, J. L. y KAM, C. M. (2001): "A comparison of inclusive and restrictive strategies in modern missing data procedures", *Psychological Methods,* 6, págs. 330-351.

COROMINA, L., COENDERS, G. y KOGOVŠEK, T. (2004): "Multilevel Multitrait-Multimethod Model. Application to the Measurement of Egocentered Social Networks", *Metodološki Zvezki, 1,* págs. 323-349.

CORTEN, I. W., SARIS, W. E., COENDERS, G., VAN DER VELD, W., AALBERTS, C. E. y KORNELIS, C. (2002): "Fit of different models for multitrait-multimethod experiments". *Structural Equation Modeling, 9,* págs. 213-232.

CORTINA, J. M. (1993): "What is coefficient alpha? An examination of theory and applications", *Journal of Applied Psychology, 78,* págs. 98-104.

CORTINA, J. M., CHEN, G. y DUNLAP, W. P. (2002): "Testing interaction effects in LISREL: Examination and illustration of the available procedures", *Organizational Research Methods, 4,* págs. 324-360.

CRONBACH, L. J. (1951): "Coefficient alpha and the internal structure of tests", *Psychometrika, 16,* págs. 297-334.

CUDECK, R. DU TOIT, S. y SÖRBOM, D. (eds., 2001): *Structural equation modeling: present and future. A festschrift in honor of Karl Jöreskog.* Scientific Software International, Chicago, IL.

DIJKSTRA, T. (1983): "Some comments on maximum likelihood and partial least squares methods", *Journal of Econometrics, 22,* págs. 67-90.

DUNCAN, T. E., DUNCAN, S. C., STRYCKER, L. A., LI, F. y ALPERT, A. (1999): *An introduction to latent variable growth curve modeling. Concepts, issues and applications,* Lawrence Erlbaum, Mahwah, NJ.

ENDERS, C. K. (2001): "The impact of non-normality on full information maximum likelihood estimation for structural equation models with missing data", *Psychological Methods,* 6, págs. 352-370.

ENDERS, C. K. y BANDALOS, D. L. (2001): "The relative performance of full information maximum likelihood estimation for missing data in structural equation models", *Structural Equation Modeling, 8,* págs. 430-457.

FINKBEINER, C. (1979): "Estimation for the multiple factor model when data are missing", *Psychometrika, 44,* págs. 409-420.

FISHBEIN, M. y AJZEN, I. (1975): *Belief, attitude, intention and behavior: An introduction to theory and research.* Addison Wesley, Reading.

FORNELL, C. y CHA, J. (1994): "Partial least squares", en BAGOZZI, R. P. (Ed.), *Advanced methods in marketing research* (págs. 52-78). Blackwell, Cambridge.

FOULADI, R. T. (2000): "Performance of modified test statistics in covariance and correlation structure analysis under conditions of multivariate nonnormality", *Structural Equation Modeling,* 7, págs. 356-410.

GALÍ, J. M. (1994): "The functions of the brand in the choice process", en BLOEMER, J, LEMMINK, J. y KASPER, H. (Eds.), *Proceedings of the 23rd EMAC Conference* (págs. 1281-1284). European Marketing Academy.

GALÍ, J. M. y COENDERS, G. (1996): "Conceptualising and measuring brand functions", *Papers ESADE, 146,* págs. 1-31.

GHISLETTA, P. y MCARDLE, J. J. (2001): "Latent growth curve analysis of the development of height", *Structural Equation Modeling, 8,* págs. 531-555.

GOLD, M. S., BENTLER, P. M. y KIM, K. H. (2003): "A comparison of maximum likelihood and asymptotically distribution free methods of treating incomplete non-normal data", *Structural Equation Modeling, 10,* págs. 47-79.

GRAHAM, J. W. (2003): "Adding missing-data-relevant variables to FIML-based structural equation models", *Structural Equation Modeling, 10,* págs. 80-100.

GRAHAM, J. W., HOFER, S. M. y MACKINNON, D. P. (1996): "Maximizing the usefulness of data obtained with planned missing data patterns, an application of maximum likelihood procedures", *Multivariate Behavioral Research, 31,* págs. 197-218.

GRAHAM, J. W., HOFER, S. M. y PICCININ, A. M. (1994): "Analysis with missing data in drug prevention research", en COLLINS, L. M. y SEITZ, L. (Eds.), *Advances in data analysis for prevention intervention research* (págs. 13-63). National Institute on Drug Abuse, Washington, DC.

HEISE, D. R. y BOHRNSTEDT, G. W. (1970): "Validity, invalidity and reliability", en BORGATTA, E. F. y BOHRNSTEDT, G. W. (Eds), *Sociological Methodology 1970* (págs. 104-129). Jossey-Bass, San Francisco.

HOX, J. J. (2000): "Multilevel analysis of grouped and longitudinal data", en LITTLE, T. D., SCHNABEL, K. U. y BAUMERT, J. (Eds.), *Modeling longitudinal and multilevel data, practical issues, applied approaches and specific examples* (págs. 15-32). Lawrence Erlbaum, Mahwah, NJ.

HU, L. y BENTLER, P. M. (1998): "Fit indices in structure modeling: Sensitivity to underparameterized model specification", *Psychological Methods, 3,* págs. 424-453.

IRWIN, J. R. y MCCLELLAND, G. H. (2001): "Misleading heuristics and moderate regression models", *Journal of Marketing Research, 38,* págs. 100-109.

JACCARD, J. y WAN, C. K. (1995): "Measurement error in the analysis of interaction effects between continuous predictors using multiple regression", *Psychological bulletin, 117,* págs. 348-357.

JÖRESKOG, K. G. (1971a): "Simultaneous factor analysis in several populations", *Psychometrika, 36,* págs. 409-426.

JÖRESKOG, K. G. (1971b): "Statistical analysis of sets of congeneric tests". Psychometrika, 36, págs. 109-133.

JÖRESKOG, K. G. (2000): *Latent variable scores and their uses.* Lincolnwood, IL: Scientific Software International (disponible en http://www.ssicentral.com/lisrel/corner.htm).

JÖRESKOG, K. y SÖRBOM, D. (1989): *LISREL 7, a guide to the program and applications.* SPSS publications, Chicago, IL.

JÖRESKOG, K. G, SÖRBOM, D., DU TOIT, S. y DU TOIT, M. (2000): *LISREL 8, new statistical features (Rev.),* Scientific Software International, Chicago, IL.

JÖRESKOG, K. G. y YANG F. (1996): "Nonlinear structural equation models: the Kenny-Judd model with interaction effects", en MARCOULIDES, G. A. y SCHUMACKER, R. E. (Eds.), *Advanced structural equation modeling* (págs. 57-89). Lawrence Erlbaum, Mahwah, NJ.

KANO, Y. (2001): "Structural equation modeling for experimental data", en CUDECK, R., DU TOIT, S. y SÖRBOM, D. (Eds.), *Structural equation modeling: present and future. A festschrift in honor of Karl Jöreskog* (págs. 381-402). Scientific Software International, Chicago, IL.

KAPFERER, J. N. y LAURENT, G. (1983): *La sensibilité aux marques.* Fondation Jours de France.

KASSER, T. y AHUVIA, A. (2002): "Materialistic values and well-being in business studies", *European Journal of Social Psychology, 32,* págs. 137-146.

KELLOWAY, E. K. (1995): "Structural equation modeling in perspective", *Journal of Organizational Behaviour, 16,* págs. 215-224.

KELLOWAY, E. K. (1998): *Using LISREL for structural equation modelling. A Researcher's Guide.* Sage, London.

KENNY, D. A. y JUDD, C. M. (1984): "Estimating the non-linear and interactive effects of latent variables", *Psychological Bulletin, 96,* págs. 201-210.

KISH, L. (1978): "Chance, statistics, and statisticians", *Journal of the American Statistical Association, 73,* págs. 1-67.

KOGOVŠEK, T., FERLIGOJ, A., COENDERS, G. y SARIS, W. E. (2002): "Estimating reliability and validity of personal support measures: full information ML estimation with planned incomplete data", *Social Networks, 24,* págs. 1-20.

LAIRD, N. M. y WARE, J. H. (1982): "Random-effects model for longitudinal data", *Biometrics, 38,* págs. 963-974.

LAURENT, G. y KAPFERER, N. (1985): "Measuring consumer involvement profiles", *Journal of Marketing Research, 22,* págs. 41-53.

LEE, S. Y. (1986): "Estimation for structural equation models with missing data", *Psychometrika, 51,* págs. 93-99.

LI, F., HARMER, P., DUNCAN, T. E., DUNCAN, S. C., ACOCK, A. y BOLES, S. (1998): "Approaches to testing interactions effects using structural equation modeling methodology", *Multivariate Behavioral Research, 33,* págs. 1-39.

LIKERT, R. (1932): "A technique for the measurement of attitudes", *Archives of Psychology, 140,* págs. 5-53.

LITTLE, T. D. (1997): "Mean and covariance structure (MACS) analyses of cross-cultural data: practical and theoretical issues", *Multivariate Behavioral Research, 32,* págs. 53-76.

LITTLE, R. J. A. y RUBIN, D. B. (1987): *Statistical analysis with missing data.* Wiley, New York.

LORD, F. M. y NOVICK, M. R. (1968): *Statistical theories of mental test scores.* Addison-Wesley, Reading.

MARCOULIDES, G. A. y MOUSTAKI, I. (2002): *Latent variable and latent structure models.* Lawrence Earlbaum, Mahwah, NJ.

MARCOULIDES, G. A. y SCHUMACKER, R. E. (eds., 2001): *New developments and techniques in structural equation modeling.* Erlbaum, Mahwah, NJ.

MATHIEU J. E., TANNENBAUM, S. I. y SALAS, E. (1992): "Influences of individual and situational characteristics on measures of training effectiveness", *Academy of Management Journal, 35,* págs. 828-847.

MCARDLE, J. J. (1988): "Dynamic but structural equation modeling of repeated measures data", en CATTELL, R. B. y NESSELROADE, J. (Eds.), *Handbook of multivariate experimental psychology* (2nd ed., págs. 561-614). Plenum Press, New York.

MCARDLE, J. J. y EPSTEIN, D. (1987): "Latent growth curves with developmental structural equation models", *Child Development, 58,* págs. 110-133.

MCDONALD, R. P. (1996): "Path analysis with composite variables", *Multivariate Behavioral Research, 31,* págs. 239-270.

MEREDITH, W. (1993): "Measurement invariance, factor analysis and factorial invariance", *Psychometrika, 58,* págs. 525-543.

MEREDITH, W. y TISAK, J. (1990): "Latent curve analysis", *Psychometrika, 55,* págs. 107-122.

VAN MEURS A. y SARIS, W. E. (1990): "Memory effects in MTMM studies" en SARIS W. E. y VAN MEURS, A. (Eds.), *Evaluation of Measurement Instruments by Meta-analysis of Multitrait Multimethod Studies* (págs. 134-147). North Holland, Amsterdam.

MOULDER, B. C. y ALGINA, J. (2002): "Comparison of methods for estimating and testing latent variables Interactions", *Structural Equation Modeling, 9,* págs. 1-19.

MUTHÉN, B. (1979): "A structural probit model with latent variables", *Journal of the American Statistical Association, 74,* págs. 807-811.

MUTHÉN, B. (1984): "A general structural equation model with dichotomous, ordered categorical, and continuous latent variable indicators", *Psychometrika, 49,* págs. 115-132.

MUTHÉN, B. (1991): "Multilevel factor analysis of class and student achievement components", *Journal of Educational Measurement, 28,* págs. 338-354.

MUTHÉN, B. (1994): "Multilevel covariance structure analysis", en HOX, J. y KREFT, I. (Eds.), *Multilevel modeling, special issue of Sociological Methods and Research, 22,* págs. 376-398.

MUTHÉN, B. (1997): "Latent variable modeling of longitudinal and multilevel data", en RAFTERY, A. (Ed.), *Sociological Methodology 1997,* (págs. 453-480). Basil Blackwell, Boston.

MUTHÉN, B. (2000): "Integrating person-centered and variable-centered analyses, growth mixture modeling with latent trajectory classes", *Alcoholism, Clinical and Experimental Research, 24,* págs. 1-10.

MUTHÉN, B. (2001a): "Latent variable mixture modeling", en MARCOULIDES, G. A. y SCHUMACKER, R. E. (Eds.), *New developments and techniques in structural equation modeling* (págs. 1-33). Erlbaum, Mahwah, NJ.

MUTHÉN, B. (2001b): "Second-generation structural equation modeling with a combination of categorical and continuous latent variables: New opportunities for latent class/latent growth modeling", en COLLINS, L. M. y SAYER, A. (Eds.), *New methods for the analysis of change* (págs. 291-322). APA, Washington, DC.

MUTHÉN B., KAPLAN, D. y HOLLIS. M. (1987): "On structural equation modeling with data that are not missing completely at random", *Psychometrika, 52,* págs. 431-462.

MUTHÉN, L. K. y MUTHÉN, B. (2004): *Mplus. Statistical analysis with latent variables. User's guide (third edition).* Muthén and Muthén, Los Angeles, CA.

MUTHÉN, B. y SATORRA, A. (1995): "Complex sample data in structural equation modelling", *Sociological Methodology, 25,* págs. 267-316.

NEALE, M. C., BOKER, S. M., XIE, G. y MAES, H. H. (1999): *Mx, Statistical Modeling. 5th Edition,* Box 126, MCV, Richmond, VA23298, Department of Psychiatry.

NEVITT, J. y HANCOCK, G. R. (2001): "Performance of bootstrapping approaches to model test statistics and parameter standard error estimation in structural equation modeling", *Structural Equation Modeling, 8,* págs. 353-377.

NUNNALLY, J. C. (1978): *Psychometric theory* (2º ed). McGraw-Hill, Nueva York.

O'LOUGHLIN, C. y COENDERS, G. (2004): "Estimation of the European customer satisfaction index. Maximum likelihood versus partial least squares. Application to postal services", *Total Quality Management and Business Excellence, 15,* págs. 1231-1255.

PING, R. A. (1995): "A parsimonious estimating technique for interaction and quadratic latent variables", *Journal of Marketing Research, 32,* págs. 336-347.

PING, R. A. (1996): "Latent variable interaction and quadratic effect estimation: A two step technique using structural equation analysis", *Psychological Bulletin, 119,* págs. 166-175.

RAUDENBUSH, S. W. (2001): "Toward a coherent framework for comparing trajectories of individual change", en COLLINS, L. M. y SAYER, A. (Eds.), *New methods for the analysis of change* (págs. 33-64). American Psychological Association, Washington, DC.

RAYKOV, T. (2001): "Bias of Cronbach's coefficient alpha for fixed congeneric measures with correlated errors", *Applied Psychological Measurement, 25,* págs. 69-76.

RAYKOV, T. y MARCOULIDES, G. A. (2000): *A first course in structural equation modeling,* Erlbaum, Mahwah, NJ.

REISE, S.P., WIDAMAN, K. F. y PUGH, R. H. (1993): "Confirmatory factor analysis and item response theory: two approaches for exploring measurement invariance", *Psychological Bulletin, 114,* págs. 552-566.

RIGDON, E. E., SCHUMACKER, R. E. y WHOTKE, W. (1998): "A comparative review of interaction and nonlinear effects modeling", en SCHUMACKER, R. E. y MARCOULIDES, G. A. (Eds), *Interactions and nonlinear effects in structural equation models* (págs. 1-16). Lawrence Erlbaum, Mahwah, NJ.

RIORDAN, C. M. y VANDENBERG, R. J. (1994): "A central question in cross-cultural research: do employees of different cultures interpret work-related measures in an equivalent manner?", *Journal of Management, 20,* págs. 643-671.

ROVINE, M. J. y MOLENAAR, P. C. M. (2001): "A structural equations modeling approach to the general linear mixed model", en COLLINS, L. M. y SAYER, A. (Eds.), *New methods for the analysis of change* (págs. 65-96). American Psychological Association, Washington, DC.

RUBIN, D. B. (1987): *Multiple imputation for nonresponse in surveys.* Wiley, New York.

SARIS, W. E. y GALLHOFER, I. N. (2004): "Operationalization of social science concepts by intuition", *Quality and Quantity, 38,* págs. 235-258.

SARIS, W. E. y SATORRA, A. (1988): "Characteristics of structural equation models which affect the power of the likelihood ratio test", en SARIS, W. E. y GALHOFER, I. N. (Eds.), *Sociometric research: Vol 2. Data analysis,* (págs. 220-236). MacMillan, London.

SARIS, W. E., SATORRA, A. y COENDERS, G. (2004): "A new approach to evaluating the quality of measurement instruments: the split-Ballot MTMM design", *Sociological Methodology, 34,* págs. 311-347.

SARIS, W. E., SATORRA, A. y SÖRBOM, D. (1987): "The detection and correction of specification errors in structural equation models", en CLOGG, C. C. (Ed.), *Sociological methodology 1987* (págs. 105-129). American Sociological Association, Washington, DC.

SATORRA, A. (1992): "Asymptotic robust inferences in the analysis of mean and covariance structures", en MARSDEN, P. V., (Ed.), *Sociological Methodology 1992* (págs. 249-278). Basil Blackwell, Cambridge.

SATORRA, A. (1993): "Asymptotic robust inferences in multi-sample analysis of augmented-moment matrices", en RAO, C. R. y CUADRAS, C. M. (Eds.), *Multivariate analysis, future directions 2* (págs. 211-229). North-Holland, Amsterdam.

SATORRA, A. y SARIS, W. E. (1982): "Accuracy of a procedure for calculating the power of the likelihood ratio test used within the lisrel frame work", en MIDDENDORP, C., NIEMOELLER, K. y SARIS, W. E. *Proceeding of the second sociometry conference*, Amsterdam.

SCHUMACKER, R. E. (2002): "Latent variable interaction modeling", *Structural Equation Modeling, 9,* págs. 40-54.

SCHUMACKER, R. E. y MARCOULIDES, G. A. (1998): *Interactions and nonlinear effects in structural equation models*, Lawrence Erlbaum, Mahwah, NJ.

SCHUMAN, H. y PRESSER, S. (1981): *Questions and answers in attitude surveys. Experiments on question form, wording and context.* Academic Press, San Diego, CA.

SCHWARTZ, S. H. (1997): "Values and culture", en MUNRO, D., CARR, S. y SCHUMAKER, J. (Eds), *Motivation and culture* (págs. 69-84). Routledge, New York.

SCHYNS, P. (2003): *Income and satisfaction, a cross-national and longitudinal study*, Delft, Eburon, Países Bajos.

SHAO, J. y TU, D. (1995) *The Jackknife and Bootstrap.* Springer, New York.

SIMPSON, T. (1755): "A letter to the right Honorable George Earl of Marclesfield, president of the Royal Society on the advantage of taking the mean of a number of observations in practical astronomy", *Philosophical Transactions of the Royal Society, 49,* págs. 82-93.

SÖRBOM, D. (1974): "A general method for studying differences in factor means and factor structures between groups", *British Journal of Mathematical and Statistical Psychology, 27,* págs. 229-239.

SPEARMAN, C. (1904): "The proof and measurement of association between two things", *American Journal of Psychology, 15,* págs. 72-101.

SPECTOR, P. E. (1992): *Summated rating scale construction. An introduction.* Sage, Newbury Park, CA.

STEENKAMP, J. E. M. y BAUMGARTNER, H. (1998): "Assessing measurement invariance in cross-national consumer research", *Journal of Consumer Research, 25,* págs. 78-90.

STOEL, R. (2003): *Issues in growth curve modelling*, TT-publikaties, Amsterdam.

STOEL, R. D. y VAN DEN WITTENBOER, G. (2003): "Time dependence of growth parameters in latent growth curve models with time invariant covariates", *Methods of Psychological Research, 8,* págs. 21-41.

DU TOIT, M. y DU TOIT, S. (2001): *Interactive LISREL, user's guide.* Scientific Software International, Chicago, IL.

WIDAMAN, K. (1993): "Common factor analysis versus principal component analysis, differential bias in representing model parameters?", *Multivariate Behavioral Research, 25,* págs. 1-28.

WILLETT, J. B. y SAYER, A. G. (1993): "Using covariance structure analysis to detect correlates and predictors of individual change over time", *Psychological Bulletin, 116,* págs. 368-381.

WOLD, H. (1975): "Path models with latent variables: the NIPALS approach", en BLALOCK, H. M. *et al.* (Eds.), *Quantitative sociology. International perspectives on mathematical and statistical modelling.* Academic Press, New York.

WOLD, H. (1982): "Soft modeling: the basic design and some extensions", en JÖRESKOG, K. G. y WOLD, H. (Eds), *Systems under indirect observation. Causality, structure, prediction,* Vol. 2 (págs. 1-54). North Holland, Amsterdam.

WOTHKE, W. (2000): "Longitudinal and multi-group modeling with missing data", en LITTLE, T. D., SCHNABEL, K. U. y BAUMERT, J. (Eds.), *Modeling longitudinal and multilevel data, practical issues, applied approaches and specific examples* (págs. 219-240). Erlbaum, Mahwah, NJ.

YANG-JONSSON, F. (1998): "Modeling interaction and nonlinear effects in structural equation modeling: A step-by-step LISREL example ", en SCHUMACKER, R. E. y MARCOULIDES, G. A. (Eds.), *Interactions and nonlinear effects in structural equation models* (págs. 17-42). Erlbaum, Mahwah, NJ.

YANG-WALLENTIN, F. y JÖRESKOG, K. G. (2001): "Robust standard errors and chi-squares for interaction models", en MARCOULIDES, G. A. y SCHUMACKER, R. E. (Eds.), *New developments and techniques in structural equation modeling* (págs. 159-171). Lawrence Erlbaum, Mahwah, NJ.

YUAN, K.-H. y BENTLER, P. M. (2000): "Three likelihood-based methods for mean and covariance structure analysis with nonnormal missing data", en SOBEL, M. E. y BECKER, M. P. (Eds.), *Sociological methodology 2000* (págs. 165-200). American Sociological Association, Washington, DC.

Cuadernos de Estadística
Dirección: Juan Etxeberria Murgiondo
Francisco J. Tejedor Tejedor

Títulos publicados:

1. R. Martínez Arias: *El análisis multivariante en la investigación científica.*
2. M. Escobar: *Análisis gráfico/exploratorio.*
3. F. J. Tejedor: *Análisis de varianza.*
4. J. Etxeberria: *Regresión múltiple.*
5. L. Joaristi y L. Lizasoain: *Análisis de correspondencias.*
6. J. M. Batista y G. Coenders: *Modelos de ecuaciones estructurales.*
7. E. García Jiménez, J. Gil Flores, G. Rodríguez Gómez: *Análisis factorial.*
8. M. C. Ximénez y R. San Martín: *Análisis de varianza con medidas repetidas.*
9. M. J. Valderrama, A. M. Aguilera, F. A. Ocaña: *Predicción dinámica mediante análisis de datos funcionales.*
10. Mª J. Rivas López y J. López Fidalgo: *Análisis de supervivencia.*
11. C. Rodríguez Morilla: *Análisis de series temporales.*
12. J. Gil, E. García Jiménez y G. Rodríguez Gómez: *Análisis discriminante.*
13. R. Ardanuy y F. J. Tejedor: *Tablas estadísticas.*
14. J. E. Real Deus: *Escalamiento multidimensional.*
15. A. M. Aguilera: *Tablas de contingencia bidimensionales.*
16. R. Clairin y Ph. Brion: *Manual de muestreo.*
17. A. Hernández Bastida, Mª C. Martel Escobar y F. J. Vázquez Polo: *Métodos estadísticos en auditoría de cuentas.*
18. L. Hernández Encinas: *Técnicas de Taxonomía numérica.*
19. Q. Martín Martín: *Contrastes de hipótesis.*
20. F. Javier Díaz-Llanos y Sainz-Calleja: *El análisis de datos en el cierre de ventas.*
21. A. D. Correa Piñero: *Análisis logarítmico lineal.*
22. J. Revuelta y V. Ponsoda: *Simulación de modelos estadísticos en ciencias sociales.*
23. J. Serrano Angulo: *Iniciación a la estadística bayesiana.*
24. F. J. Tejedor Tejedor: *Aplicaciones diversas del análisis de varianza.*
25. Mª L. Pérez Delgado y Q. Martín Martín: *Aplicación de las redes neuronales artificiales a la estadística.*
26. P. Morales, B. Urosa y A. Blanco: *Construcción de escalas de actitudes tipo Likert.*
27. L. C. Silva Ayçaguer e I. Mª Barroso Utra: *Regresión logística.*
28. J. L. Valencia y F. J. Díaz-Llanos y Sainz-Calleja: *Métodos de predicción en situaciones límite.*
29. J. L. Gaviria Soto y María Castro Morera: *Modelos jerárquicos lineales.*
30. J. Muñiz, Á. M. Fidalgo, E. García-Cueto, R. Martínez y R. Moreno: *Análisis de los ítems.*
31. G. Coenders Gallart, J. M. Batista-Foguet y W. E. Saris: *Temas avanzados en modelos de ecuaciones estructurales.*